乌蒙山片区
生态学野外实践指导

● 高兴国　主编

中国农业科学技术出版社

图书在版编目（CIP）数据

乌蒙山片区生态学野外实践指导 / 高兴国主编 . -- 北京：中国农业科学技术出版社，2025.7. -- ISBN 978-7-5116-7549-1

I . Q14

中国国家版本馆 CIP 数据核字第 20254AB558 号

责任编辑　周伟平
责任校对　李向荣
责任印制　姜义伟　王思文

出 版 者	中国农业科学技术出版社
	北京市中关村南大街 12 号　　邮编：100081
电　　话	（010）82106638（编辑室）　（010）82106624（发行部）
	（010）82109709（读者服务部）
网　　址	https://castp.caas.cn
经 销 者	各地新华书店
印 刷 者	北京建宏印刷有限公司
开　　本	185 mm × 260 mm　1/16
印　　张	9
字　　数	197 千字
版　　次	2025 年 7 月第 1 版　2025 年 7 月第 1 次印刷
定　　价	68.00 元

──── 版权所有·侵权必究 ────

《乌蒙山片区生态学野外实践指导》编委会

主　　编：高兴国

副 主 编：桑正林　赵俊松

参编人员：马永翠　申开泽　和贵文
　　　　　冉秋月　包刘媛　宋　莉

PREFACE 前　言

　　乌蒙山片区地处滇东北，地形复杂，气候多样，拥有丰富的生物多样性和独特的生态系统。这里不仅是众多野生动植物的栖息地，也是重要的水源涵养地和生态屏障。然而，随着人类活动的加剧，乌蒙山片区的生态环境面临着诸多挑战，如森林砍伐、水土流失、生物多样性下降等。开展生态学野外实践，旨在培养学生对乌蒙山片区生态环境的认知，掌握生态学野外研究方法，提高生态环境保护意识，更好地保护和管理这一宝贵的自然遗产。

　　野外实践是生态学教学的重要组成部分。它将理论知识与实际操作相结合，让学生在实践中学习，在实践中成长。

　　通过野外实践，学生可以观察自然现象，了解生态系统结构和功能，通过实地考察，学生可以目睹自然界的多样性，了解不同生态系统的组成、结构和功能，以及它们之间的相互关系。

　　本教材介绍了生态学野外研究的多种方法，如观察法、实验法、调查法等，并指导学生进行实际操作，以提高他们的科研能力。

　　此外，野外实践还将增强学生的生态环境保护意识，使他们深刻认识到人类活动对生态环境的影响。同时，在野外实践中，学生需要学会与他人沟通协作，共同完成任务，这将有助于提高他们的团队协作能力。

　　本教材主要面向生物科学、植物保护、植物科学与技术等相关专业的本科生，也可供其他相关专业师生及从事生态环境保护、资源开发利用等工作的人员参考使用。

　　本教材共分为 8 章，内容涵盖了乌蒙山片区概况、生态学野外实践的工作方法、个体生态学野外实践、种群生态学野外实践、群落生态学野外实践、生态系统生态学野外实践、生态学野外实践案例分析、综合生态环境调查评价等方面。

本教材是一部集图、文、表于一体的生态学野外实践指导教材，旨在提供全面、系统且实用的知识和技能。我们深知，在生态学这一不断发展的学科中，野外实践是理解理论知识和获得实践经验的关键环节。在编写本教材的过程中，我们力求确保内容的科学性、准确性和实用性，致力于为读者提供一个具有实用性和教育价值的学习资料。尽管如此，我们也清楚地认识到，由于作者的知识水平和经验有限，书中可能存在疏漏和不足之处，恳请使用者和同行们在阅读本教材时，不吝提出宝贵的意见和建议，以便我们能够不断改进和完善本书。

特别感谢在线中国植物志、自然标本馆、植物科学数据中心、植物科学数字中心等专业网站和互联网上的众多生态学爱好者和专业摄影师，无私地分享了他们在野外观察和研究中拍摄的精美图片。这些资源极大地丰富了本教材的内容，使得理论知识与实际生态样本之间的联系更加直观和生动，我们对所有提供这些宝贵资料的机构和个人表示最深切的感谢。

编者
2025 年 5 月

目 录

第一章　乌蒙山片区概况 ··· 1

1.1　实践片区基本概况 ·· 2
1.2　实践片区自然地理概况 ·· 3
　　1.2.1　地质地貌 ··· 3
　　1.2.2　水文特征 ··· 4
　　1.2.3　土壤特征 ··· 5
　　1.2.4　气候类型 ··· 5
1.3　实践片区生态环境概况 ·· 5
　　1.3.1　生物多样性 ·· 5
　　1.3.2　生态环境问题 ··· 6

第二章　生态学野外实践的工作方法 ··························· 7

2.1　生态学野外实践的基本方法 ································· 8
　　2.1.1　观察法 ·· 8
　　2.1.2　实验法 ·· 9
　　2.1.3　调查法 ·· 10
2.2　生态学野外实践的注意事项 ································· 11
　　2.2.1　安全注意事项 ··· 11
　　2.2.2　环境保护注意事项 ····································· 12
2.3　生态学野外实践的要求 ·· 13
2.4　生态学野外实践前准备事项 ································· 14
2.5　样地设置 ··· 16
　　2.5.1　取样的一般原则 ·· 16
　　2.5.2　取样单位 ··· 17
　　2.5.3　样地大小 ··· 18
　　2.5.4　样地形状 ··· 19
　　2.5.5　样地数量 ··· 19

2.5.6　样地排列 ··· 20
2.6　取样的方法 ··· 21
　　2.6.1　随机取样法 ··· 22
　　2.6.2　系统取样法 ··· 23
　　2.6.3　分层取样法 ··· 23
　　2.6.4　整群取样法 ··· 25
　　2.6.5　样方法 ··· 26
　　2.6.6　样线法 ··· 26
　　2.6.7　点取样法 ·· 27
　　2.6.8　无样地取样法 ··· 28
　　2.6.9　标记重捕法 ··· 29
2.7　动植物观察、标本采集与记录 ··· 30
　　2.7.1　植物观察与标本采集 ··· 30
　　2.7.2　动物观察与记录 ·· 31
　　2.7.3　环境因子测量 ··· 31
　　2.7.4　数据记录 ·· 31
2.8　野外数据分析与处理 ··· 32
　　2.8.1　数据整理 ·· 32
　　2.8.2　数据检验 ·· 32
　　2.8.3　数据分析 ·· 32
　　2.8.4　结果解释 ·· 33
2.9　野外实践报告（论文）、实习总结撰写 ·· 33
　　2.9.1　摘要 ·· 34
　　2.9.2　引言 ·· 34
　　2.9.3　材料与方法 ··· 35
　　2.9.4　结果 ·· 35
　　2.9.5　讨论 ·· 35
　　2.9.6　参考文献 ·· 35
　　2.9.7　实习总结撰写 ··· 36
2.10　野外实践团队协作与沟通 ·· 36
　　2.10.1　明确分工 ··· 37
　　2.10.2　加强沟通 ··· 37
　　2.10.3　互相帮助 ··· 38
　　2.10.4　团结协作 ··· 38

第三章　个体生态学野外实践 ·· 39
3.1　主要生态因子的观测 ··· 40

3.1.1 地理信息的观察与测定 …… 40
3.1.2 光照条件的观察与测定 …… 42
3.1.3 温度变化的监测与记录 …… 43
3.1.4 降水量与湿度的测定方法 …… 44
3.1.5 水体生态因子的测定技术 …… 45
3.1.6 土壤特性的观察与分析 …… 47

3.2 乌蒙山片区生物资源调查 …… 49
3.2.1 陆生脊椎动物资源调查 …… 49
3.2.2 植物资源调查 …… 50

第四章 种群生态学野外实践 …… 53

4.1 种群基本数量特征测定 …… 54
4.1.1 种群大小与种群密度调查 …… 54
4.1.2 种群年龄结构调查与分析 …… 55
4.1.3 样方法估算某一草地植物种群的大小 …… 57
4.1.4 标记重捕法估计种群数量大小 …… 58

4.2 种群结构调查与动态分析 …… 59
4.2.1 种群的年龄结构调查和生命表的编制 …… 60
4.2.2 种群生态位分析 …… 61
4.2.3 植物种群密度效应验证 …… 63

第五章 群落生态学野外实践 …… 65

5.1 群落物种数量特征调查与多样性分析 …… 66
5.1.1 物种丰富度与物种均匀度调查 …… 66
5.1.2 植物群落物种多样性的调查与测定 …… 67
5.1.3 植物种—面积曲线的编绘 …… 69

5.2 群落结构及其时空分布格局调查 …… 70
5.2.1 植物群落结构调查 …… 71
5.2.2 叶面积指数测定 …… 73
5.2.3 植物群落生活型谱调查与分析 …… 74
5.2.4 植物群落的排序与分类 …… 76
5.2.5 林木竞争指数计算 …… 77

5.3 群落演替与干扰调查 …… 78
5.3.1 群落演替的类型调查 …… 78
5.3.2 群落演替规律的调查 …… 80

第六章　生态系统生态学野外实践 83

6.1 森林生态系统调查 84
6.1.1 森林类型调查 84
6.1.2 森林结构调查 86
6.1.3 树木蒸腾测定 87
6.1.4 森林生物量测定 88

6.2 草地生态系统调查 90
6.2.1 草地类型调查 90
6.2.2 草地植被结构调查 91

6.3 湿地生态系统调查 93
6.3.1 湿地类型与分布调查 93
6.3.2 湿地水文条件调查 95
6.3.3 湿地植被调查 96

6.4 生态系统能量流动调查 97
6.4.1 初级生产力调查与测定 97
6.4.2 不同草本植物地上部分干重比较 99

6.5 生态系统物质循环调查 101
6.5.1 水域生态系统营养结构调查 101
6.5.2 能量传递效率简单测量 102
6.5.3 水域生态系统中氮、磷对藻类生长的影响测定 103

第七章　生态学野外实践案例分析 105

7.1 乌蒙山片区常见植物类别调查 106
7.1.1 实践目的 106
7.1.2 实践内容 106
7.1.3 调查方法与步骤 106
7.1.4 数据计算与结果分析 107

7.2 乌蒙山片区生态入侵物种调查 107
7.2.1 实践目的 107
7.2.2 实践内容 108
7.2.3 调查方法与步骤 108
7.2.4 数据计算与结果分析 108

7.3 乌蒙山片区贵州草海国家级自然保护区鸟类的迁徙行为观测 109
7.3.1 实践目的 109
7.3.2 实践内容 109
7.3.3 调查方法与步骤 109

	7.3.4 数据计算与结果分析	110
7.4	乌蒙山片区赤水河鱼洞河至白车村段鱼类种群调查	110
	7.4.1 实践目的	111
	7.4.2 实践内容	111
	7.4.3 调查方法与步骤	111
	7.4.4 数据计算与结果分析	111
7.5	乌蒙山片区三江口自然保护区珙桐种群调查	112
	7.5.1 实践目的	112
	7.5.2 实践内容	113
	7.5.3 调查方法与步骤	113
	7.5.4 数据计算与结果分析	113
7.6	乌蒙山片区朝天马自然保护区生物多样性调查	114
	7.6.1 实践目的	114
	7.6.2 实践内容	114
	7.6.3 调查方法与步骤	115
	7.6.4 数据计算与结果分析	115
7.7	乌蒙山片区海子坪自然保护区毛竹林群落基本调查	115
	7.7.1 实践目的	116
	7.7.2 实践内容	116
	7.7.3 调查方法与步骤	117
	7.7.4 数据计算与结果分析	117
7.8	乌蒙山片区金沙江巧家段干热河谷植物物种多样性调查	117
	7.8.1 实践目的	118
	7.8.2 实践内容	118
	7.8.3 调查方法与步骤	118
	7.8.4 数据计算与结果分析	118
7.9	乌蒙山片区大山包自然保护区高原沼泽湿地植物群落调查	119
	7.9.1 实践目的	120
	7.9.2 实践内容	120
	7.9.3 调查方法与步骤	120
	7.9.4 数据计算与结果分析	120
7.10	乌蒙山片区药山国家级自然保护区森林生态系统类型调查	121
	7.10.1 实践目的	121
	7.10.2 实践内容	122
	7.10.3 调查方法与步骤	122
	7.10.4 数据计算与结果分析	122

第八章　综合生态环境调查评价　　123

8.1　乌蒙山片区某地主要生态环境调查　　124
8.1.1　实践目的　　124
8.1.2　实践内容　　124
8.1.3　调查方法与步骤　　125
8.1.4　数据计算与结果分析　　125

8.2　乌蒙山片区大山包自然保护区脆弱地质环境调查　　125
8.2.1　实践目的　　126
8.2.2　实践内容　　126
8.2.3　调查方法与步骤　　126
8.2.4　数据计算与结果分析　　127

8.3　乌蒙山片区白鹤滩水电站库区消落带生态环境调查　　127
8.3.1　实践目的　　128
8.3.2　实践内容　　128
8.3.3　调查方法与步骤　　128
8.3.4　数据计算与结果分析　　128

参考文献　　130

第一章

乌蒙山片区概况

1.1 实践片区基本概况

乌蒙山片区位于云南省东北部,地处滇、黔、川三省交界处,是长江上游重要的生态屏障和生态走廊。该片区主要包括昭通市、曲靖市北部、毕节市西部、宜宾市南部等地。

按《乌蒙山片区区域发展与扶贫攻坚规划》(2011—2020年)划定,乌蒙山片区范围包括四川省、贵州省、云南省三省毗邻地区的38个县(市、区),其中四川省13个县、贵州省10个县(市、区)、云南省15个县(市、区)(表1-1)。总面积为10.7万 km^2。2010年末,总人口2 292.0万人,乡村人口2 005.1万人,少数民族人口占总人口的20.5%。

表1-1 乌蒙山片区所辖范围

分区	省名	地市名	县名
乌蒙山片区 (38)	四川省 (13)	泸州市	叙永县、古蔺县
		乐山市	沐川县、马边彝族自治县
		宜宾市	屏山县
		凉山彝族自治州	普格县、布拖县、金阳县、昭觉县、喜德县、越西县、美姑县、雷波县
	贵州省 (10)	遵义市	桐梓县、习水县、赤水市
		毕节市	七星关区、大方县、黔西市、织金县、纳雍县、威宁彝族回族苗族自治县、赫章县
	云南省 (15)	昆明市	禄劝彝族苗族自治县、寻甸回族彝族自治县
		曲靖市	会泽县、宣威市
		昭通市	昭阳区、鲁甸县、巧家县、盐津县、大关县、永善县、绥江县、镇雄县、彝良县、威信县
		楚雄彝族自治州	武定县

乌蒙山片区内的主要自然保护区和重点生态保护区有云南乌蒙山国家级自然保护区、大山包国家级自然保护区、药山国家级自然保护区、长江上游珍稀特有鱼类国家级自然保护区、贵州草海国家级自然保护区、毕节国家森林公园,另外还有曲靖市39个

自然保护地等。

乌蒙山片区地形复杂，山脉纵横，峡谷深切，海拔差异悬殊，最高峰为巧家县的药山，海拔 4 040 m。该片区气候类型为垂直气候类型，以亚热带季风气候为主，局部地区有温带、寒温带气候特征。乌蒙山片区拥有丰富的自然资源，包括森林、草地、湿地、河流、湖泊等，是云南省生物多样性最为丰富的地区之一。

这些保护区和生态区域对于维护乌蒙山片区的生物多样性、水土保持、水源涵养等生态功能发挥着重要作用，是长江上游重要的生态屏障。

1.2 实践片区自然地理概况

1.2.1 地质地貌

乌蒙山片区的地质地貌特征是其生态环境的重要组成部分，也对生物多样性产生了深远的影响。

乌蒙山片区属于云贵高原的北缘，地形复杂多样，主要包括山地、高原、峡谷、盆地几种地形单元。

山地。该片区山脉纵横，海拔差异悬殊，形成了独特的山地地形。主要山脉包括乌蒙山、大娄山、小凉山等，这些山脉对气候、水文、土壤等环境因素有着重要的影响。

高原。该片区也有一些高原地形，例如滇东北高原，这些高原地形对气候、植被等环境因素也有着重要的影响。

峡谷。金沙江、牛栏江、横江等河流在乌蒙山片区形成了众多峡谷，峡谷地形对水文、土壤等环境因素有着重要的影响。

盆地。该片区也有一些盆地地形，例如昭通盆地、曲靖盆地等，这些盆地地形对气候、水文、土壤等环境因素也有着重要的影响。

乌蒙山片区的地貌类型多样，主要包括以下几种常见类型：

喀斯特地貌。由于地质构造和气候条件的影响，乌蒙山片区形成了大量的喀斯特地貌，例如溶洞、石林、峰林等。这些地貌类型对植被、土壤等环境因素有着重要的影响。

侵蚀地貌。由于河流侵蚀和冰川侵蚀等作用，乌蒙山片区形成了大量的侵蚀地貌，例如峡谷、沟谷、冲积扇等。这些地貌类型对水文、土壤等环境因素有着重要的影响。

沉积地貌。由于河流沉积和冰川沉积等作用，乌蒙山片区形成了大量的沉积地貌，例如平原、台地、湖泊等。这些地貌类型对气候、水文、土壤等环境因素也有着重要的影响。

乌蒙山片区的地质构造复杂，主要包括以下几种类型：

褶皱构造。由于地壳运动和岩浆活动等作用，乌蒙山片区形成了大量的褶皱构造，例如断层、褶皱带等。这些构造类型对地貌、水文、土壤等环境因素都有着重要的影响。

岩浆岩。乌蒙山片区主要由岩浆岩组成，例如花岗岩、玄武岩等。这些岩浆岩对地貌、土壤等环境因素有着重要的影响。

沉积岩。乌蒙山片区也包含一些沉积岩，例如石灰岩、砂岩等。这些沉积岩对地貌、土壤等环境因素也有着重要的影响。

乌蒙山片区的地质地貌特征对生物多样性产生了深远的影响。一是提供了丰富的栖息地和食物来源。不同的地貌类型和地形特征为各种生物提供了丰富的栖息地和食物来源，例如，山地为野生动物提供了避难所，河流为鱼类提供了栖息地。二是形成了多样的生态系统。不同的地貌类型和地形特征形成了多样的生态系统，例如，山地森林、峡谷湿地、高原草甸等。三是影响了生物的分布和适应性。不同的地貌类型和地形特征影响了生物的分布和适应性，例如，高山植物需要适应寒冷、缺氧的环境条件。

1.2.2 水文特征

乌蒙山片区的水文条件对其生态环境和生物多样性有着重要的影响。该片区河流众多，湖泊星罗棋布，形成了复杂的水文网络，也维持着该片区生态系统的稳定和平衡。主要的河流有金沙江、赤水河、乌江、洛泽河、白水江、黄水河、大关河、木杆河、小河等长江水系。由于该片区降水量充沛，河流流量大，水量丰富，为生态系统提供了充足的水源。加上地形地貌的影响，河流落差大，水流湍急，形成了丰富的水能资源。此外，片区内河流支流众多，水系复杂，形成了丰富的水文景观。主要的湖泊有花山湖、七仙湖、昭鲁湖、威宁草海等，这些湖泊面积大，水量稳定，以及珠江源风景区水源地等为生物多样性提供了重要的栖息地和食物来源。湖泊水质好，生态环境良好，为水生生物提供了理想的生存环境。

乌蒙山片区的水文条件影响了植被的分布和生长，例如，河流沿岸的湿地植被，湖泊周围的草甸植被等。也影响了土壤的形成和发育，例如，河流冲积形成的土壤，湖泊沉积形成的土壤等。还影响了动物的分布和活动，例如，河流中的鱼类，湖泊中的水生动物等，并影响了河流的水源涵养功能，湖泊的生态功能等。

1.2.3 土壤特征

土壤是生态系统的重要组成部分，乌蒙山片区的土壤类型多样，肥力较高，为植物生长提供了丰富的土壤资源，也维持着该片区生态系统的稳定和平衡。乌蒙山片区主要的土壤类型有黄壤、红壤、紫色土、石灰土等。黄壤是乌蒙山片区最主要的土壤类型，分布广泛，主要分布在低山丘陵地区，土壤质地疏松，有机质含量较高，适合多种植物生长。红壤主要分布在低海拔地区，土壤质地较黏重，有机质含量较低，但仍适合部分植物生长。紫色土主要分布在紫色岩地区，土壤质地较轻，有机质含量较高，适合多种植物生长。石灰土主要分布在石灰岩地区，土壤质地较黏重，有机质含量较低，但仍适合部分植物生长。乌蒙山片区的土壤类型和肥力对其生态环境和生物多样性产生了深远的影响，不同的土壤类型和肥力影响着植被的分布和生长，例如，黄壤适合多种植物生长，而红壤和石灰土则更适合一些耐旱、耐贫瘠的植物。不同的土壤类型和肥力影响着土壤侵蚀的程度，例如，黄壤质地疏松，容易发生水土流失。

1.2.4 气候类型

乌蒙山片区的气候类型随地形垂直变化而变化，这一区域大部分地区属于亚热带季风气候，特点是四季分明，夏季炎热多雨，冬季温和干燥。由于地形复杂，海拔高度差异较大，部分高海拔地区呈现出温带甚至寒温带气候特征，这些地方冬季较冷，夏季凉爽。年平均气温在 12~20℃，这个温度范围适宜多种农作物的生长。年降水量在 800~1 500 mm，这种降水条件有利于农业生产，但也可能导致山区发生地质灾害。无霜期在 200~300 d，这意味着该区域有较长的生长期，适宜发展农业。这样的气候条件为乌蒙山片区提供了多样化的生态环境和生物多样性，同时也对当地的农业布局和作物种植产生了重要影响。

1.3 实践片区生态环境概况

1.3.1 生物多样性

乌蒙山片区生物多样性丰富，共有维管植物 6 000 多种，其中珍稀濒危保护植物

100 多种，陆生脊椎动物 600 余种，国家级重点保护陆生脊椎动物 60 余种。该片区是云南省生物多样性最为丰富的地区之一，被誉为"动植物的王国"。该片区植被类型多样，主要有常绿阔叶林、落叶阔叶林、针叶林、灌丛、草甸等。常绿阔叶林主要分布在海拔 1 000～2 000 m 的低山丘陵地区，以云南松、麻栎、栓皮栎等树种为主。落叶阔叶林主要分布在海拔 2 000～2 500 m 的中山地区，以栎类、桦木类等树种为主。针叶林主要分布在海拔 2 500～3 500 m 的高山地区，以冷杉、云杉、铁杉等树种为主。生态系统主要有森林生态系统、草原生态系统、湿地生态系统、河流生态系统等。森林生态系统是该片区最主要的生态系统类型，具有重要的水源涵养、水土保持、生物多样性保护等功能。草原生态系统主要分布在海拔较高的地区，具有重要的水土保持、防风固沙等功能。湿地生态系统主要分布在河流、湖泊等地区，具有重要的水源涵养、水质净化、生物多样性保护等功能。河流生态系统是该片区重要的水生生态系统，具有重要的水资源保护、水生生物多样性保护等功能。

1.3.2　生态环境问题

乌蒙山片区，涵盖昭通市、曲靖市北部、毕节市西部和宜宾市南部，面临多重生态环境挑战。

首先，该地区垂直地形地貌，变化多样，山高谷深，地形陡峭，土壤侵蚀严重，导致水土流失加剧，土地肥力下降和石漠化问题，生态环境极为脆弱。

其次，水资源短缺成为当地发展的瓶颈，特别是近十年来多次季节性降水减少，面临资源性缺水和工程性缺水问题，使得基本农田有效灌溉面积仅占 3.2%，而饮水困难的农户比例高达 32%。

再次，乌蒙山片区的地质灾害频发，如干旱、洪涝、风雹、凝冻灾害、低温冷害、滑坡和泥石流等，这些灾害不仅威胁当地居民的生命财产安全，也对生态环境造成破坏。还有乌蒙山国家级自然保护区与周边社区的发展关系复杂，如何平衡生态保护与社区经济发展是一大挑战。

最后，由于人类活动的影响和工业化和城市化的推进，乌蒙山片区环境污染问题日益突出，乌蒙山片区生物多样性下降，部分珍稀濒危物种面临灭绝的危险和对生态环境造成严重威胁。

为保护乌蒙山片区生态环境，三省（贵州、云南、四川）政府都采取了一系列措施，如实施退耕还林还草工程，恢复森林植被，提高森林覆盖率；实施水土保持工程，减少水土流失，保护土地资源；建立自然保护区，保护珍稀濒危物种，维护生物多样性；加强环境污染治理，乌蒙山片区生态环境得到了一定程度的改善，但仍面临着诸多挑战。开展生态学野外实践，旨在提高学生对乌蒙山片区生态环境的认识，增强学生的生态环境保护意识。

第二章

生态学野外实践的工作方法

2.1 生态学野外实践的基本方法

2.1.1 观察法

观察法是生态学野外实践中的基础方法，它通过对自然界的直接观察来收集生态学信息。这种方法在野外实践中扮演着至关重要的角色，因为它能够提供直观的数据，帮助研究者理解生态系统的结构和功能。观察法可以分为定性观察、定量观察和比较观察3种主要类型。

（1）定性观察

定性观察是一种描述性方法，它主要关注生态现象的宏观特征。这种观察方式不需要对观察到的现象进行精确的量化，而是通过描述来理解生态现象的基本情况。主要依靠文字描述，记录观察到的现象和特征。受观察者经验、知识和主观判断的影响较大。适用于对生态系统外貌、结构、功能和动态的初步了解。主要应用于植物群落结构如描述植物的种类、数量、分布、高度、冠幅、生长状况等；动物行为如观察动物的活动时间、活动范围、社会行为、繁殖行为、适应行为等；生态环境如观察土壤类型、土壤湿度、温度、光照强度、风向风速等环境因子。但要求观察者需要具备一定的生态学知识和经验，才能准确判断和描述观察到的现象。

（2）定量观察

定量观察是一种量化方法，它要求对观察到的生态现象进行精确地测量。这种观察方式通过收集具体的数值数据来补充定性描述，使得生态学分析更加精确和科学。需要使用测量工具和仪器进行数据收集，保证数据的准确性和客观性。最大优点是可以对同一现象进行重复测量，并进行统计分析。适用于对生态系统数量特征、结构和功能的精确测量和分析。主要应用于植物群落结构如测量植物的高度、胸径、冠幅、密度、盖度、频度、重要值等；动物数量如计数动物的数量，并进行统计分析；生态系统功能如测量生态系统的生物量、生产力、能量流动、物质循环等。但需选择合适的测量工具和仪器，确保其准确性和可靠性，并采用规范的测量方法，记录测量过程和数据。

（3）比较观察

比较观察是一种对比分析方法，它通过对不同生态环境、不同物种、不同时间段下的生态现象进行比较，以揭示生态学规律。最大特点是将不同对象或现象进行比较，分析其差异和原因。适用于对生态系统差异和演替规律的探究。主要应用于不同环境下的植物群落特点如不同海拔、坡向、土壤类型等环境条件下的植物群落结构、物种组成和功能差异的比较。不同物种之间的相互作用如不同物种之间的竞争、捕食、共生等关系的比较。群落演替过程如不同演替阶段群落的物种组成、结构、功能和动态变化的比较。

观察法是生态学野外实践的重要方法，可以帮助研究者收集丰富的生态学信息，理解生态系统的结构和功能。定性观察、定量观察和比较观察各有特点，适用于不同的研究目的和研究对象。在实际应用中，需要根据具体情况选择合适的观察方法，并结合其他方法，以提高研究结果的可靠性和准确性。

2.1.2 实验法

实验法是生态学野外实践的重要方法，它通过人为控制某些因素，观察和记录生态现象的变化，以揭示生态学规律。实验法可以分为自然实验和人为实验两种主要类型。

（1）自然实验

自然实验是利用自然条件进行实验的方法。在这种实验中，不对生态系统施加人为干预，而是利用现有的自然条件来观察和记录生态现象的变化。例如，在研究光照对植物生长的影响时，可以在野外选择不同光照强度的区域，观察植物的生长状况，从而揭示光照对植物生长的影响。

自然实验的优点是可以模拟真实的自然环境，观察到的生态现象更加接近自然状态。但自然实验也存在一定的局限性，例如，实验条件难以控制，实验结果可能受到其他因素的干扰。因此，在自然实验中，需要选择合适的实验地点和条件，以保证实验结果的准确性。

（2）人为实验

人为实验是通过人为控制某些因素进行实验的方法。在这种实验中，通过对生态系统施加人为干预，以观察和记录生态现象的变化。例如，在研究施肥对植物生长的影响时，可以在野外设置不同的施肥处理，观察植物的生长状况，从而揭示施肥对植物生长的影响。

人为实验的优点是可以精确控制实验条件，排除其他因素的干扰，获得精确的生态学数据。但人为实验也存在一定的局限性，例如，难以模拟复杂的自然生态系统，实验结果可能不完全反映自然状态下的生态学规律。因此，在人为实验中，需要尽可能地模拟自然环境，以保证实验结果的可靠性。

实验法在生态学野外实践中具有重要作用，它可以帮助研究者深入理解生态系统的规律和机制。然而，实验法也存在一定的局限性，例如，难以模拟复杂的自然生态系统，实验结果可能不完全反映自然状态下的生态学规律。因此，在野外实践中，实验法通常需要与其他方法相结合,以提高研究结果的可靠性和准确性。

在乌蒙山片区进行生态学野外实践时,可以根据研究目的和研究对象选择合适的实验方法。例如,对于研究光照对植物生长的影响,可以选择自然实验方法;对于研究施肥对植物生长的影响,可以选择人为实验方法。同时,还需要注意实验条件的控制,以确保实验结果的准确性。

通过实验法,可以揭示生态系统的规律和机制,为生态系统的管理和保护提供科学依据。例如,在研究施肥对植物生长的影响时,可以提出合理的施肥建议,以提高农业生产的效率和生态系统的健康。在研究光照对植物生长的影响时,可以提出合理的植物布局建议,以提高植物的产量和生态系统的稳定性。

总之,实验法是生态学野外实践的重要方法,它可以帮助学生深入理解生态系统的规律和机制。通过实验法,可以揭示生态系统的规律和机制,为生态系统的管理和保护提供科学依据。

2.1.3　调查法

调查法是生态学野外实践的重要方法,它通过收集和分析生态学数据,以了解生态系统的现状和变化趋势。调查法可以分为样方调查、样线调查和访问调查3种类型。

(1)样方调查

样方调查是在研究区域内随机或系统设置样方,对样方内的生态现象进行调查和记录的方法。这种调查方式可以用于研究植物群落、动物种群、土壤特性等。例如,在研究植物群落时,可以在研究区域内随机或系统设置样方,记录样方内植物的种类、数量、高度等信息。在研究动物种群时,可以在研究区域内设置样方,记录样方内动物的种类、数量、行为等信息。

样方调查的优点是可以获得大量的生态学数据,全面了解生态系统的现状和变化趋势。但样方调查也存在一定的局限性,例如,样方的大小和数量会影响调查结果的准确性,样方的设置和记录过程需要耗费大量的时间和精力。

(2)样线调查

样线调查是在研究区域内随机或系统设置样线,沿着样线对生态现象进行调查和记录的方法。这种调查方式可以用于研究植物群落、动物种群、土壤特性等。例如,在研究植物群落时,可以在研究区域内设置样线,记录样线两侧植物的种类、数量、高度等信息。在研究动物种群时,可以在研究区域内设置样线,记录样线两侧动物的种类、数量、行为等信息。

样线调查的优点是可以获得大量的生态学数据,全面了解生态系统的现状和变化趋势。但样线调查也存在一定的局限性,例如,样线的长度和宽度会影响调查结果的准确性,样线的设置和记录过程需要耗费大量的时间和精力。

（3）访问调查

访问调查是通过与当地居民、管理人员等进行访谈，了解生态系统的现状和变化趋势的方法。这种调查方式可以用于研究人类活动对生态系统的影响。例如，在研究森林砍伐对生态系统的影响时，可以通过与当地居民、管理人员等进行访谈，了解森林砍伐的面积、时间、原因等信息。

访问调查的优点是可以获得大量的生态学数据，全面了解生态系统的现状和变化趋势。但访问调查也存在一定的局限性，例如，调查结果容易受到主观因素的影响，难以排除其他因素的干扰。

调查法在生态学野外实践中具有重要作用，它可以帮助研究者全面了解生态系统的现状和变化趋势。然而，调查法也存在一定的局限性，例如，调查结果容易受到主观因素的影响，难以排除其他因素的干扰。因此，在野外实践中，调查法通常需要与其他方法相结合，以提高研究结果的可靠性和准确性。

在乌蒙山片区进行生态学野外实践时，可以根据研究目的和研究对象选择合适的调查方法。例如，对于研究植物群落，可以选择样方调查或样线调查；对于研究人类活动对生态系统的影响，可以选择访问调查。同时，还需要注意调查条件的控制，以确保调查结果的准确性。

通过调查法，可以全面了解生态系统的现状和变化趋势，为生态系统的管理和保护提供科学依据。例如，在研究植物群落时，可以提出合理的植物保护措施，以提高植物的多样性和生态系统的稳定性。在研究人类活动对生态系统的影响时，可以提出合理的土地利用规划，以减少人类活动对生态系统的干扰。

2.2 生态学野外实践的注意事项

2.2.1 安全注意事项

野外实践安全至关重要，需要特别注意以下几点：

（1）做好安全防护

在野外实践前，做好充分的安全防护准备工作是至关重要的。这包括准备必要的防护用品，例如，防晒霜、防蚊虫叮咬用品、急救药品等。防晒霜可以有效防止紫外线对皮肤的伤害，而防蚊虫叮咬用品则可以防止蚊虫叮咬引起的疾病。此外，急救药品的准备也是必要的，以应对可能出现的意外伤害。

（2）了解天气情况

在出发前，了解当地的天气情况是十分重要的。恶劣的天气条件可能会对野外实践造成不利影响，例如，强降雨、大风等。了解天气情况可以帮助研究者制订合理的野外实践计划，避免在恶劣天气下进行野外实践。

（3）遵守纪律

野外实践过程中，严格遵守纪律是确保安全的重要因素。不得擅自离开队伍，不得擅自进入危险区域，这些都是野外实践中的基本纪律。遵守纪律可以确保研究者在野外实践过程中的安全，避免发生意外事故。

（4）保持通信畅通

在野外实践过程中，保持通信畅通是至关重要的。通信设备可以及时联系外界寻求帮助，处理紧急情况。因此，在野外实践时，研究者需要确保通信设备能够正常使用，并保持通信畅通。

（5）学习急救知识

在野外实践前，学习基本的急救知识是必要的。这可以帮助在发生意外时能够及时处理，降低意外伤害的风险。急救知识包括基本的急救技能，如心肺复苏、止血、包扎等。通过学习急救知识，可以在野外实践过程中更好地保护自己和团队成员的安全。

通过以上安全注意事项，可以确保研究者野外实践的安全，为顺利完成野外实践任务提供保障。在野外实践过程中，严格遵守这些安全注意事项，可以有效降低意外事故的风险，保护研究者的安全。

此外，还有一些其他的安全注意事项需要注意，例如，在野外实践过程中要注意饮食安全，避免食用不洁食物引起疾病；要注意避免接触有毒植物和动物，防止中毒；要注意防止迷路，携带地图和指南针等导航工具；要注意防止动物袭击，了解当地的野生动物分布和习性，采取相应的预防措施。

2.2.2 环境保护注意事项

野外实践要注重环境保护，避免对生态环境造成破坏，需要注意以下几点：

（1）不乱扔垃圾

在野外实践过程中，不乱扔垃圾是一项基本的环境保护措施。要将垃圾带回，不要随意丢弃在野外。乱扔垃圾不仅会破坏生态环境，还可能对野生动植物造成伤害。因此，在野外实践过程中，要养成良好的环保习惯，将垃圾带回，确保不污染野外环境。

（2）不破坏植被

在野外实践过程中，不破坏植被是保护生态环境的重要措施。不要随意砍伐树木、采摘花草。植被是生态系统的重要组成部分，它们在土壤保持、水源涵养、生物多样性保护等方面起着重要作用。因此，在野外实践过程中，要尊重植被，避免破坏植被。

（3）不捕杀动物

在野外实践过程中，不捕杀动物是保护生物多样性的重要措施。不要捕杀野生动物。野生动物是生态系统的重要组成部分，它们在食物链、物种多样性、生态平衡等方面起着重要作用。因此，在野外实践过程中，要尊重野生动物，避免捕杀野生动物。

（4）不污染水源

在野外实践过程中，不污染水源是保护生态环境的重要措施。不要将污水、垃圾等污染物排入水源。水源是生态系统的重要组成部分，它们在人类生活、动植物生存、生态环境等方面起着重要作用。因此，在野外实践过程中，要尊重水源，避免污染水源。

（5）尊重当地习俗

在野外实践过程中，尊重当地习俗是保护生态环境的重要措施。要尊重当地居民的生活习俗，避免与当地居民发生冲突。当地居民对当地生态环境有着深入的了解和丰富的经验，他们的生活习俗和行为方式对当地生态环境有着重要的影响。因此，在野外实践过程中，要尊重当地习俗，与当地居民和谐相处。

（6）减少干扰

在野外实践过程中，要尽量减少对生态环境的干扰。不要在野外大声喧哗，不要惊扰野生动物，不要破坏植被和土壤。减少干扰可以保护生态系统的稳定性，维护生态平衡。

（7）保护自然景观

在野外实践过程中，要保护自然景观。不要在野外乱涂乱画，不要破坏自然景观。自然景观是生态系统的重要组成部分，它们对人类生活、动植物生存、生态环境等方面起着重要作用。因此，在野外实践过程中，要尊重自然景观，保护自然景观。

通过以上环境保护注意事项，可以确保野外实践的安全和环境保护，从而顺利完成野外实践任务。

2.3 生态学野外实践的要求

生态学野外实践对学生的知识、技能和素质都有一定的要求，确保能够顺利完成野外实践任务，并为未来的科研工作打下坚实的基础。具体要求如下：

（1）扎实的生态学基础知识

扎实的生态学基础知识是进行野外实践的基础。学生需要掌握生态学的基本概念、原理和方法，了解生态系统的结构和功能。这些知识可以帮助学生更好地理解野外实践的目的和意义，以及在实践中遇到的问题。

（2）熟练的野外实践技能

熟练的野外实践技能是进行野外实践的关键。学生需要掌握野外观察、实验、调查等方法，能够熟练使用各种野外调查工具和仪器。这些技能可以帮助学生更好地收集和分析野外数据，为科学研究提供支持。

（3）较强的动手能力

较强的动手能力是进行野外实践的必要条件。学生需要能够独立完成野外采样、测量、记录等工作。这些能力可以帮助学生更好地掌握野外实践的方法和技巧，提高野外实践的效率和质量。

（4）良好的团队协作能力

良好的团队协作能力是进行野外实践的重要因素。需要能够与团队成员合作，共同完成野外实践任务。这些能力可以帮助学生更好地协调和配合团队成员，提高野外实践的效率和质量。

（5）严谨的科学态度

严谨的科学态度是进行野外实践的核心要求。需要认真负责，实事求是，确保野外实践数据的准确性和可靠性。严谨的科学态度可以帮助学生更好地遵循科学研究的方法和原则，提高野外实践的质量和水平。

（6）良好的身体素质

良好的身体素质是进行野外实践的基本条件。野外实践往往需要徒步跋涉，因此需要具备良好的身体素质。这些条件可以帮助学生更好地适应野外实践的环境和条件，提高野外实践的效率和质量。

通过以上要求，学生可以更好地进行生态学野外实践，为未来的科研工作打下坚实的基础。同时，这些要求也可以帮助学生更好地理解生态学知识，提高生态环境保护意识，为生态文明建设贡献力量。

2.4 生态学野外实践前准备事项

为了确保野外实践顺利进行，需要进行充分的准备，这包括制订详细的野外实践计划、进行安全教育、准备野外实践工具和仪器、准备野外生活用品以及了解野外实践地点的生态环境。

（1）制订详细的野外实践计划

野外实践计划是实践活动的指导文件，它确定了实践的目的、地点、时间、内容和人员分工。制订详细的野外实践计划可以确保实践活动的顺利进行，避免出现混乱和延误。

实践目的：明确实践活动的目标，如观察某种动物的行为、调查某种植物的分布等。

实践地点：选择适合实践活动的地点，如森林、草原、湿地等。

实践时间：根据实践目的和地点选择合适的时间，如在鸟类迁徙季节观察鸟类的行为。

实践内容：确定实践活动的具体内容，如观察、实验、调查等。

人员分工：根据实践活动的内容，合理分配团队成员的职责，确保每个人都能充分发挥自己的作用。

（2）进行安全教育

安全教育是野外实践的重要组成部分，它可以帮助学生了解野外实践的安全注意事项，提高安全意识，避免发生意外事故。

安全注意事项：讲解野外实践过程中的安全事项，如避免在恶劣天气下进行实践、遵守纪律、保持通信畅通等。

安全意识：通过安全教育，学生认识到野外实践安全的重要性，时刻保持警惕，注意自身安全。

（3）准备野外实践工具和仪器

根据野外实践的内容，准备必要的工具和仪器，如望远镜、全球定位系统（GPS）、罗盘、卷尺、皮尺、温度计、湿度计、采集袋、标本夹等。这些工具和仪器可以帮助学生更好地进行野外实践，提高实践效果，但不限于如下物品，根据研究需要增减携带。

望远镜：用于观察远处的动植物，如鸟类、昆虫、树木等。

GPS：用于定位和导航，记录野外实践地点的经纬度。

罗盘：用于确定方向，帮助寻找预设的样方或路线。

卷尺：用于测量距离，如样方的大小、样线的长度等。

皮尺：用于测量长度和宽度，如植物的高度、动物的体长等。

温度计：用于测量温度，如空气温度、土壤温度等。

湿度计：用于测量湿度，如空气湿度、土壤湿度等。

采集袋：用于收集植物、动物等样本。

标本夹：用于制作植物、动物等标本。

（4）准备野外生活用品

根据野外实践的时间长短，准备必要的生活用品，如在野外时间较长，可带如帐篷、睡袋、防潮垫、炊具、食品、水等生活用品。

帐篷：用于搭建临时住所，提供遮风避雨的场所。
睡袋：用于保暖，保证睡眠质量。
防潮垫：用于防潮，保持干燥，提高舒适度。
炊具：用于烹饪食物，提供营养。
食品：提供能量和营养，满足身体需求。
水：保持身体水分，维持生命活动。

（5）了解野外实践地点的生态环境

查阅相关资料，了解野外实践地点的生态环境特点，如地形地貌、气候特征、植被类型、动物种类等。了解这些信息可以帮助学生更好地适应野外环境，制订合理的实践计划，提高实践效果。

地形地貌：了解实践地点的地形特征，如山地、丘陵、平原等。
气候特征：了解实践地点的气候特点，如温度、湿度、降水量等。
植被类型：了解实践地点的植被种类，如森林、草原、湿地等。
动物种类：了解实践地点的动物种类，如鸟类、哺乳动物、昆虫等。

通过以上准备事项，可以确保野外实践顺利进行，提高实践效果。

2.5 样地设置

对自然种群或群落的研究通常是通过取样调查进行的。野外取样与测量是生态学野外实践的重要环节，它直接关系实践数据的准确性和可靠性。通过样地的设置方法、范围大小以及样本容量等取样技术手段，可以系统地收集和分析群落的数据。

2.5.1 取样的一般原则

在进行植被调查时，取样的准确性对于理解整个生态系统至关重要。

首先，取样的基本原则是确保样本具有代表性，能够准确反映总体的特征。这意味着样本应该随机选择，避免任何形式的偏差。在统计学中，追求无偏估计量，即样本估计值的平均数应尽可能接近总体参数。然而，所有的取样调查都不可避免地存在误差，这些误差可以分为取样误差和非取样误差。取样误差是由于样本只是总体的一部分而产生的，而非取样误差则可能源于样本定位错误、测定或观察记录错误，以及资料汇总错误。为了提高取样的精度，需要通过适当的样本大小和取样方法来最小化这些误差。

其次，取样误差的大小可以通过估计值的标准误来度量，标准误越小，取样方法的精度越高。因此，选择合适的样本大小和取样方法对于减少取样误差至关重要。在植被调查中，样本大小应根据植被的均匀程度和研究目的来确定。同时，应采取措施减少非取样误差，如确保样本定位的准确性、统一测定或观察记录的标准，以及在资料汇总时考虑不同样本的调查质量。

最后，为了使抽样调查更接近植被总体的实际情况，应选取精度高的调查方法，并采取措施预防非取样误差。这包括采用随机取样以符合统计学的要求，以及在数据整理阶段，考虑到不同样本的调查质量，避免因处理不当而产生误差。通过这些方法，可以提高取样的可靠性，从而更准确地理解和描述植被的总体特征。

2.5.2 取样单位

取样调查首先要确定"取样单位"。在进行植被调查时，什么是我们的"取样单位"呢？目前有两种做法。

在生态学研究中，取样方法的选择对于准确了解群落的特征至关重要。这里，可以将取样单位分为两大类：以物种个体为单位的取样和以一定面积的群落为单位的取样。

以物种个体为单位的取样方法，如点取样法、无样地取样法以及小样方测定种的频度法，具有一些明显的优势。这种方法易于掌握和野外识别，因为取样单位较小，所以有可能获得大量的样本，从而得到足够的变量值。这些样本经过统计分析，可以反映出现实存在的显著差别。此外，这种方法更易于实现随机取样，符合统计学的要求。然而，这种方法的缺点在于，它只关注群落地段中的个体，而不是群落的整体。因此，当存在多个群落且边界不明显时，这种方法可能会导致群落划分的困难。此外，它也无法识别植被的镶嵌性。

以一定面积的群落为单位的取样方法，虽然工作量较大，通常不易获得大量样本，但每个样本具有较大的代表性。这种方法可以获得更多关于群落特征的参数，便于与其他群落比较。这对于了解群落的整体特征和进行群落类型的划分更为有利。然而，这种方法在野外较难掌握和认识，也不容易实现随机取样。

总的来说，两种取样方法各有优劣。以个体为单位的取样方法在操作上更为简便，适合于初步的群落调查和统计分析，但可能不足以反映群落的整体结构。而以一定面积的群落为单位的取样方法虽然在操作上更为复杂，但能够提供更全面的群落特征信息，适合于深入的群落结构和类型划分研究。因此，在选择取样方法时，需要根据研究目的和条件，权衡两种方法的利弊，选择最合适的取样策略。

2.5.3 样地大小

样地大小是指用于调查的取样单位的面积大小。面积过小，不能反映物种或群落的基本特征，失去代表性；面积过大，虽能反映基本特征，但时间和人力等方面花费过大，没有必要。在群落调查时，一般通过巢式样方法绘制物种数—面积曲线，确定最小取样面积或样地大小。

巢式样方法是扩大样方面积的常用技术。例如，法国学者在研究草本植物群落时，使用的样方面积从 1/64 m² 开始，逐步扩大到 512 m²，记录每个面积中的物种数量。他们将包含总物种数 84% 的面积作为群落的最小面积。如图 2-1 所示。

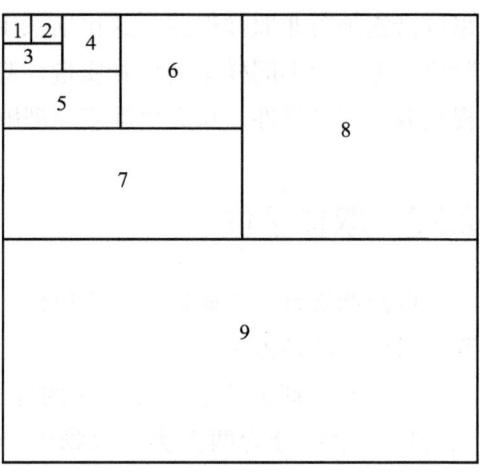

图 2-1　巢式样方法

不同群落类型有其经验上的最小面积值。例如，地衣群落的最小面积为 0.1～0.4 m²，苔藓群落的最小面积为 1～4 m²，而热带雨林的最小面积则可达 500～4 000 m²。这些经验值为研究提供了一个起点，但实际的最小样方面积应根据具体情况和研究目的来确定。

在生态学研究中，确定最小样方面积是确保样本能够代表整个群落并减少抽样误差的关键步骤。样方大小的确定首先需要考虑群落的类型、优势种的生活型以及植被种类组成的均匀性等因素。一般而言，样方面积应略大于群落最小面积，即群落中大多数种类都能出现的最小样方面积。种—面积曲线是确定群落最小面积的常用方法。

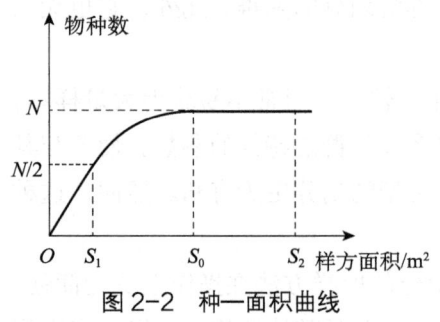

图 2-2　种—面积曲线

种—面积曲线是通过记录不同面积样方中的物种数量来绘制的。曲线的转折点，即由陡变缓的部分，通常被视为最小群落面积的指标。如图 2-2 所示。

此外，有学者提出，当样方面积扩大 10% 而物种数量的增加不超过 10% 时，可以作为确定最小样方面积的一个标准。另一种方法是将包含群落总物种数某一百分比（如 80%）的面积作为群落最小面积。

最小样方面积的确定与种群分布类型有关。均匀分布的种群可能需要较小的样方面积，而随机分布或集群分布的种群可能需要更大的样方面积来确保足够的代表性。因此，在确定样方大小时，应考虑种群的分布特征，以确保样本的准确性和研究的有效性。

2.5.4 样地形状

在生态学研究中,样地的形状对于数据收集的准确性和代表性至关重要。传统上,样地的形状是正方形,这种形状的样地也被称为样方。正方形样地的设计简单,易于操作,因此在许多研究中被广泛采用。然而,正方形样地可能会因为边缘效应而影响数据的准确性,特别是在草本植物群落调查中,边缘效应可能导致对群落内部结构的误解。

为了降低这种边际效应,有时会采用圆形样地,即样圆。样圆的设计可以减少边缘效应,因为它没有角落,从而使得每个点被边缘影响的可能性更小。此外,圆形样地在统计分析上也有一定的优势,因为它可以更均匀地代表群落的中心区域。

除了正方形和圆形样地,矩形样地(也称为样带或样条)也被广泛采用。矩形样地的优势在于它可以覆盖更大的面积,同时减少所需的样地数量。研究表明,长宽比为 16:1 的矩形样地可以很好地代表整个群落,因为这种比例可以确保样地在长度方向上有足够的延伸,同时在宽度上保持足够的宽度以捕捉群落的多样性。

在某些情况下,样线也是一种有效的取样方法。样线法涉及记录一定长度的样线上接触到的物种,这种方法特别适合于研究线性特征明显的群落,如河流两岸或森林边缘。样线法可以提供关于物种分布和群落结构的连续数据,有助于理解群落沿特定方向的变化。

总的来说,样地的形状选择应根据研究目的、群落类型和环境条件来决定。无论是传统的正方形样方、圆形样地,还是矩形样带,每种形状都有其特定的应用场景和优势。选择合适的样地形状,可以提高数据的准确性和研究的效率。

2.5.5 样地数量

在确定了样地大小和形状后,还应确定样地数量。样地数量的确定是生态学、林学、环境科学等领域中进行野外调查和研究所必须考虑的问题。确定样地数量的目的在于保证调查结果的代表性和可靠性,同时也要考虑实际操作的可行性和经济成本。可以使用以下几种方法来确定样地数量。

(1)方差法

确定样地数量的一般步骤为:

首先要明确调查的目的和精度要求,这将直接影响样地数量的确定。

其次是样地大小的确定。样地的大小取决于调查对象的特点和研究目的。例如,森林调查中常用的样地大小可能是 10 m × 10 m、20 m × 20 m 等。

最后是计算变异系数。根据预调查数据,计算所需调查参数的变异系数(CV),变异系数越大,所需的样地数量就越多。

使用统计公式来估算样地数量:

$$n = (t \times CV/E)^2$$

其中，n 为所需样地数量；t 为置信水平对应的 t 值（查 t 分布表）；CV 为变异系数；E 为允许误差。

考虑置信水平和精度。通常选择 95% 的置信水平，而精度（E）则根据实际调查的需要来确定。

修正样地数量。根据实际情况，如地形复杂度、资源分布的不均匀性等，可能需要对计算出的样地数量进行适当的修正。

实际操作可行性。最后还需要考虑实际操作中的可行性，如调查人员的数量、时间、经费等，可能需要对理论计算的样地数量进行调整。

在群落调查时确定取样数还有一个简单的办法，即根据物种数—样方数曲线，以物种数不再明显增加时曲线拐点所对应的样方数量确定取样数，其原理与确定样方大小时的物种数—面积曲线相似。

（2）样方数——平均数曲线法

样方数——平均数曲线法是一种通过绘制样方数与平均数的关系曲线来确定样方数量的方法。这种方法可以帮助研究者观察到随着样地数量的增加，平均数的变化趋势，从而确定一个合适的样地数量，使得平均数趋于稳定。如图 2-3 所示。

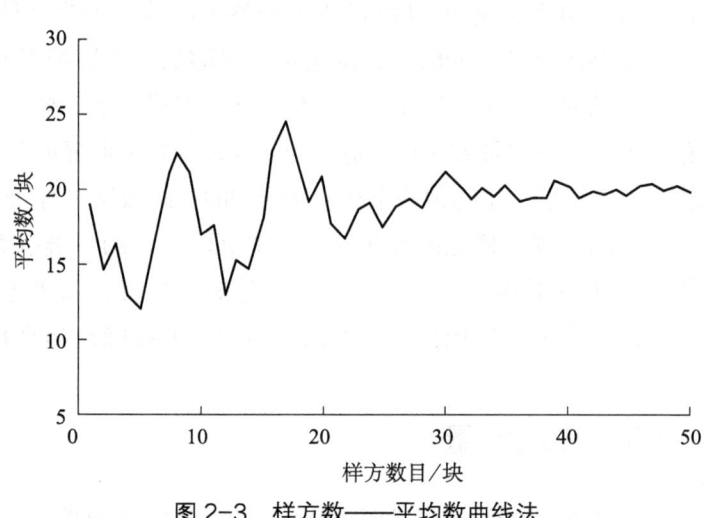

图 2-3　样方数——平均数曲线法

（3）面积比法

面积比法是在研究地段总面积已知的情况下，事先决定要选择研究面积的百分之几作为样地，比如 5% 或 10% 的研究面积作为样地。这样在样方大小已经确定的情况下，样方数目便可计算出来。比如我们研究地段面积为 10 000 m²，样方大小为（5×5）m²，要求抽取研究面积的 5% 作为样地，即样方总面积应为 500 m²，则样方数为 500/25=20。这种方法简单直接，适用于研究地段面积已知且有明确抽样比例需求的情况。

2.5.6　样地排列

（1）样地排列方法

样地排列可以确保调查结果的代表性和可比性，以下是一些常见的样地排列方法。

① 系统排列（Systematic Sampling）

简单格子排列：将研究区域划分为网格，样地位于每个网格的交点上。

等距排列：在研究区域中选择一个起始点，然后按照固定的距离（样地间隔）沿着一个或多个方向排列样地。

② 随机排列（Random Sampling）

简单随机抽样：在整个研究区域内随机选择样地。

分层随机抽样：将研究区域划分为不同的层次或类型，然后在每个层次内随机选择样地。

③ 集群排列（Cluster Sampling）

集群抽样：将研究区域划分为若干集群，然后随机选择一些集群进行调查，每个集群内可以包含一个或多个样地。

（2）具体的样地排列方式

直线排列：样地沿着一条或多条直线排列，适用于地形较为平坦的区域。

曲线排列：样地沿着一条曲线排列，适用于地形复杂的区域。

蜂窝状排列：样地以六边形的蜂窝状排列，可以较好地覆盖整个研究区域。

"Z"形或"W"形排列：样地以"Z"形或"W"形排列，有助于减少边缘效应。

（3）排列样地时需要考虑的因素

地形：样地应尽可能地覆盖研究区域内的不同地形类型。

植被类型：样地应覆盖研究区域内的主要植被类型和植被梯度。

干扰程度：样地应考虑不同干扰程度的环境。

资源分布：样地应考虑研究区域内资源的分布情况。

可达性：样地的选择应考虑调查人员的可达性。

选择合适的样地排列方法有助于提高调查的效率和数据的准确性。

2.6 取样的方法

取样是生态学研究中一个关键的步骤，它涉及从研究总体中选择一部分样本以推断总体的特征。各类取样与统计表格请扫描右侧二维码获取，可根据实践内容需要进行调整与修改。

通常可以将植物群落取样方法分为主观取样和客观取样两大类。

主观取样依赖于研究者的经验和判断来选择样本。例如，可以根据植物群落的可见特征（如颜色、高度、密度）来选择样本区域，通常用于初步调查或对特定区域有特别的兴趣时，包括点四分法、样线法等，其中样线法是指沿着特定的线或点选择样本。

生态学野外实践常用调查表

客观取样使用随机或系统的方法来选择样本，以减少人为偏差，通常用于需要更精确和可重复结果的研究，包括系统取样、随机取样、网格取样等，其中样本的选择基于预先设定的规则，如在网格中随机选择点或按照固定间隔选择样本。

以下是一些常用的取样方法，每种方法都有其特定的应用场景和优缺点。

2.6.1 随机取样法

随机取样法是一种从总体中抽取样本的方法，要求每个样本单位都有相等且独立的机会被选中。这种方法将整个群落地段视为一个总体，可以将其视为由多个固定面积的样方单位组成，或者在点取样时，将总体视为无限大。为了确保每个单位都有同等的被抽中机会，传统的随机掷出样方的方法已被证明不足以实现随机分布。现代的随机取样方法是使用随机数字表，如采用 Fisher 的随机数字表，来进行随机取样。

在野外调查中，有几种实施随机取样的方法。首先，可以在调查对象的一侧选择一个点作为原点，建立 X 轴和 Y 轴坐标系，然后使用两组随机数字来确定样方的位置。其次，可以制作调查地点的平面图，并在一张画好方格的透明纸上使用随机数字来决定样方的位置，然后将方格纸叠加在平面图上以确定样方位置。最后，在野外找到相应的地点。在大面积调查时，可以利用航空照片或地图建立框架，并从中随机抽取样本。如图 2-4 所示。

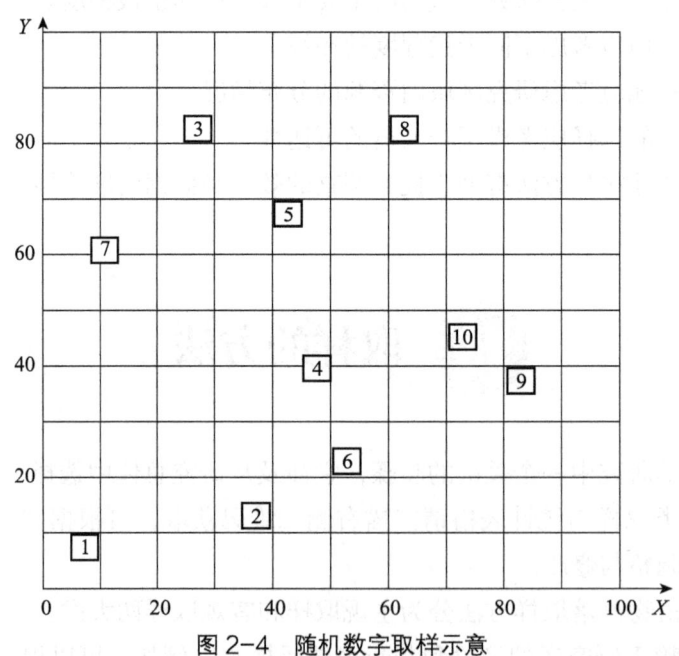

图 2-4 随机数字取样示意

随机取样时用两组随机数字取样：样方 1（5，5）；样方 2（35，10）；样方 3（25，80）；样方 4（45，37）；样方 5（40，65）；样方 6（50，20）；样方 7（7.5，57.5）；样方 8（60，80）；样方 9（80，35）；样方 10（70，42.5）。［引自生态学野外实习（天童）手册］。

随机抽样可以是放回的，也可以是不放回的。放回抽样允许同一取样单位再次被抽中，这在点取样中是常见的，因为总体被视为无限大。而大多数固定面积的样方法或样带法则采用不放回抽样。

随机取样法的优点在于它符合统计学的要求，能够提供总体平均数和方差的无偏估计量，且计算公式简单，易于在取样不足时进行补充。然而，这种方法也有缺点，包括取样耗时、在野外难以实施，特别是在地形复杂的山区，设置和到达样方地点可能比测定样方本身更耗时。此外，抽样单位的不均匀分布可能导致对总体的不均匀抽样，当总体变异较大时，结果的可靠性可能会降低。

简单随机取样是最基本的取样方法，其中每个样本单位被选中的概率相等。这种方法适用于总体分布均匀的情况，无系统偏差，易于实施。然而，在不均匀分布的总体中，简单随机取样可能不够高效。

2.6.2 系统取样法

系统取样法是一种统计抽样技术，它按照一定的规律或系统间隔从总体中选择样本。这种方法假设总体中的个体是均匀分布的，通过固定的间隔选择样本可以代表整个总体。系统取样法的优点在于其简单性和可操作性，尤其是在总体较大且分布均匀时，可以有效地减少取样偏差。

方法步骤如下：

首先需要知道总体的大小或长度，这可以是面积、体积或个体数量。

根据总体大小和所需的样本数量，计算出抽样间隔。例如，如果总体有 1 000 个个体，计划抽取 100 个样本，则抽样间隔为 10。

从总体中随机选择一个起始点，这个点可以是第一个样本。

从起始点开始，按照计算出的间隔依次选择样本，直到达到所需的样本数量。

系统取样的数据计算主要涉及抽样间隔的确定。抽样间隔（k）可以通过以下公式计算：

$$k=N/n$$

其中，N 为总体大小，n 为所需的样本数量。计算出的抽样间隔应向上取整，以确保样本数量不超过总体大小。假设一个森林区域的总长度为 10 km，计划调查其中的树木分布情况。如果决定每 1 km 调查一次，那么抽样间隔就是 1 km。可以从森林的一端开始，每隔 1 km 选择一个样点进行调查，直到覆盖整个森林区域。

2.6.3 分层取样法

分层取样法是一种在植被不均匀分布的情况下常用的取样方法，它能够有效提高调查结果的准确性。分层取样涉及将总体分为不同的层，然后在每一层内进行随机取样。当总体中存在明显不同的子群体时，这种方法特别有用。在应用分层取样法时，需要根据植被的不均匀状况，将其划分为不同的小类型，这些小类型被称为"层次"。层次之间的差异应尽可能大，而同一层次内应尽量均匀一致，这样可以减少各小类型间的变动，提高总体估计的精确性。

下面是一个分层取样的简单例子：

总体：

$[A_1, A_2, A_3, \cdots, A_n]$

$[B_1, B_2, B_3, \cdots, B_m]$

$[C_1, C_2, C_3, \cdots, C_p]$

…

$[Z_1, Z_2, Z_3, \cdots, Z_q]$

从每一层中随机抽取样本：

层 1 样本：$[A_i, A_j, A_k, \cdots]$

层 2 样本：$[B_p, B_q, B_r, \cdots]$

层 3 样本：$[C_s, C_t, C_u, \cdots]$

…

层 X 样本：$[Z_v, Z_w, Z_x, \cdots]$

在这个例子中，总体被分为多个层（层 1、层 2、层 3，…，层 X），每个层都是根据某个特定的特征（如年龄、性别、地区等）来划分的。然后，从每个层中随机抽取一定数量的样本，以确保每个层在样本中都有代表。

请注意，这个例子是一个简化的表示，实际的分层取样可能会更复杂，取决于总体的大小和层的划分方式。

在进行群落调查时，可以根据多种因素进行层次的划分，包括气候、土壤、地形、人为影响以及植物群落的数量特征（如频度、密度等）。例如，在森林调查中，可以依据树种、树高、密度、蓄积量、年龄、立地条件等标准来划分层次。航空照片是进行取样层次划分的有力工具，它可以帮助研究者识别和定义不同的层次。所划分的层次可以具有不规则的形状、不同的大小和不同的重要性，这使得在各层内可以采用不同的取样强度和精度。图 2-5 表示把一个森林植被地段划为固定面积取样单位的三个"层次"，各取样单位的大小相同。

分层取样法的优点：首先，与不分层的取样方法相比，分层取样法可以节省时间，并且可以从较少的样本中获得更高的可靠性。对于不重要的层次，可以显著减少抽样数目。其次，当层次的大小已知时，可以在层内进行随机取样，并对各个层次分别估计出平均值和方差，从而得到总体平均值和方差的无偏估计量。

分层取样法也存在一些不利之处。首先，各层的大小必须已知，或者至少对其有一个可用的估计量。其次，当层次内的变异较大时，估计量的可靠性计算变得困难，可能需要复杂的数学公式来处理。尽管如此，分层取样法在植被调查中仍然是一种非常有价值的工具，特别是在处理不均匀分布的植被时。

2.6.4 整群取样法

整群取样法是一种将总体分为若干个群体或群组，然后随机选择一些群进行调查的抽样方法。每个群内的个体都包含在样本中，而未被选中的群则完全不被调查。这种方法适用于总体中的个体可以自然地划分为不同的群体，且群体内部的个体较为同质，而群体之间存在较大差异的情况。

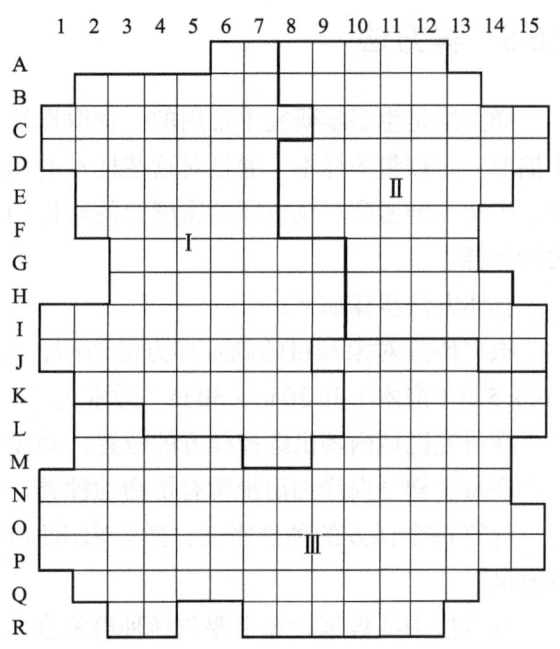

图2-5 把森林群落地段划分为三个不等大的层，所有取样面积相等[引自生态学野外实习（天童）手册]

方法步骤如下：

根据研究目的和总体特征，确定将总体分为若干个群的标准。

将总体中的个体按照确定的标准划分为互不重叠的群。

根据研究目的和统计学要求，确定需要调查的群的数量。

从所有群中随机选择预定数量的群进行调查。

对选中的群内所有个体进行数据收集和记录。

整群取样法的数据计算通常涉及对群内个体的全面调查，因此不需要进行复杂的抽样误差计算。但是，如果需要对总体参数进行估计，可能需要考虑群之间的差异性。整群取样的误差主要取决于群内个体的变异程度和群之间的差异性。

比如，假设一个学校想要调查学生对学校食堂的满意度。学校有60个班级，每个班级可被视为一个群。研究者决定随机选择10个班级进行调查。在选中的班级中，所有学生都被要求完成一份满意度调查问卷。这样，可以通过对这10个班级的数据进行分析，来估计整个学校学生对食堂的满意度。

整群取样法的优点是实施方便、节省经费，尤其适用于大规模调查。它的缺点是可能群之间的差异较大，导致抽样误差增加，且样本分布面不广，样本对总体的代表性相对较差。在使用整群取样法时，需要仔细考虑分群的标准和群的数量，以确保调查结果的准确性和可靠性。

2.6.5　样方法

样方法是生态学研究中常用的一种取样技术，它基于随机选择的原则，从研究总体中抽取一定数量的样本，通过对这些样本的调查和分析，推断总体的特征。这种方法适用于植物种群密度、昆虫卵的密度等的取样调查，主要用于移动能力较低、种群密度均匀的种群。

具体方法步骤如下：

根据研究对象和目的确定样方的面积，常见的样方大小有 1 m×1 m（草本植物）、5 m×5 m（灌木）和 20 m×30 m（乔木）。

在研究区域内随机选择样方的位置，确保每个样方都有同等的机会被选中。

在每个样方内详细记录所有植物的种类、数量、盖度等信息。

计算每个样方的种群密度，然后求出所有样方种群密度的平均值作为该种群的种群密度。

样方法中的数据计算主要包括种群密度的计算。种群密度（Density，D）是指单位空间中某个物种个体数目的实测值。计算公式为：

$$D=N/A$$

其中，N 为样方内的个体数，A 为样方的面积。

假设在一个 1 hm^2 的森林区域进行乔木的种群密度调查，选择了 20 个 20 m×30 m 的样方。先在每个样方内记录乔木的数量，然后计算每个样方的种群密度，最后求出这 20 个样方种群密度的平均值，作为该森林区域乔木的种群密度估计值。

样方法的具体实施需要考虑群落的类型、优势种的生活型以及植被种类组成的均匀性等因素。在实际操作中，可能还需要考虑地形、土壤、气候等环境因素的影响。通过样方法获得的数据可以用于多种生态学分析，如物种多样性、群落结构和动态等研究。

2.6.6　样线法

样线法是系统取样和环境因子取样法的结合。样线法通过在研究区域内设置一条或多条直线（样线），沿着这些线记录遇到的生物个体或物种，以分析群落结构和生物分布。这种方法适用于环境变化性很大的地方，如两个群落的交界处，或地形复杂，山上山下生境多变，再或土壤多变化的地方，以观察环境变化对于植物种类和密度的影响。主要用于分析逐渐过渡的群落结构，如森林、草原等。样线法可以是随机设置的，也可以是系统性的，关键是确保样线的随机性或系统性在整个调查过程中保持一致。

方法步骤如下：

选择一个具有代表性的区域进行调查。在区域内设置样线，样线可以是直线，也可以根据地形适当调整。

沿着样线行走，记录样线两侧一定宽度范围内（如 0.5 m）遇到的所有生物个体或物种。

将记录的数据进行整理，包括物种名称、数量、位置等信息。

样线法的数据计算通常涉及对物种丰富度、密度和生物量的估算。可以使用以下公式计算物种密度：

密度 = 个体数量 /（样线长度 × 样线宽度）。

假设在一个森林区域进行鸟类多样性调查，设置了 10 条样线，每条样线长度为 100 m，样线两侧记录宽度为 5 m。在样线调查中，共记录 20 种鸟类，总计 100 个个体。则鸟类的密度计算如下：

鸟类密度 =100/(10 × 100 × 5)=0.2 个 /m²

样线法的优点是操作简单、成本较低，适用于大范围的生物多样性调查。样线法也有局限性，如可能无法记录样线之外的物种，或者某些活跃或移动能力强的物种可能被重复计数。因此，在使用样线法时，需要根据研究目的和对象的特点，合理设计样线的长度、数量和分布，以确保调查结果的准确性和可靠性。

2.6.7 点取样法

点取样法是一种生态学调查方法，它通过在研究区域内随机或系统地选择一系列点，然后在这些点上进行观察和记录，以估计种群密度或生物多样性。这种方法适用于分布不均匀的生物种群，尤其是那些在空间上聚集或成簇分布的种群。

操作方法步骤如下：

选择一个具有代表性的区域进行调查。在区域内随机或按照一定的规律选择样点。常用的方法包括五点取样法、对角线取样法等（图 2-6、图 2-7）。

在每个样点上记录遇到的生物个体或物种信息，如数量、种类等，并将所有样点的数据进行整理和汇总。

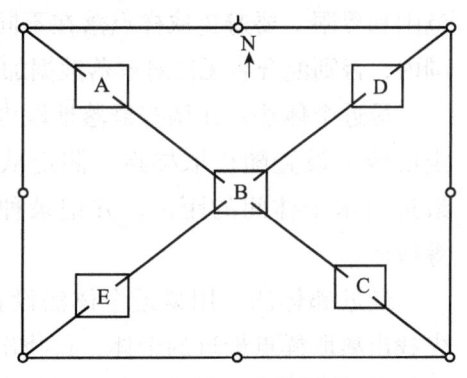

图 2-6　五点取样法

点取样法的数据计算通常涉及对每个样点记录的数据进行统计分析。可以使用以下公式计算种群密度：

种群密度 = 个体总数 / 样点总数

比如，在一个森林区域进行鸟类多样性调查，选择了 50 个样点，每个样点记录的鸟类种类和数量各不相同。通过汇总所有样点的数据，

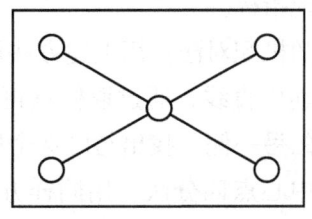

图 2-7　对角线取样法

可以估计整个森林区域的鸟类多样性。

点取样法在随机或系统选择的点上记录植被特征，优点是操作简便、成本较低，适用于大范围的生物多样性调查。点取样法也有局限性，如受到点选择偏差的影响，可能无法记录样点之外的物种，或者某些活跃或移动能力强的物种可能被重复计数。因此，在使用点取样法时，需要根据研究目的和对象的特点，合理设计样点的数量和分布，以确保调查结果的准确性和可靠性。

2.6.8 无样地取样法

无样地取样法，也称为距离测定法（Distance Method），是美国 Wisconsin 学派创造的主要用于森林群落研究的取样方法。这种方法的特点是无须设置固定面积的样地，而是在被研究的群落地段上随机选择若干点，测定该点与植株间的距离，推算种在群落中的数量特征。

无样地取样技术依据的原理是植株在群落中的数量既可用密度 D 表示，也可用植株所占的平均面积 m 表示，且 $m=1/D$。因此，有可能用植株间的距离作为测定物种多度的指标。因为植物间的距离等于 m，据此就可对平均面积上的密度做出正确估计。

无样地取样法主要有最近个体法、最近邻体法、随机配对法和中心点四分法 4 种方法，如图 2-8 所示。

在采用无样地调查时，一定要注意群落的范围和界限，要避免取样点落在不同群落的范围内，否则混合后无法对群落数据加以分离。

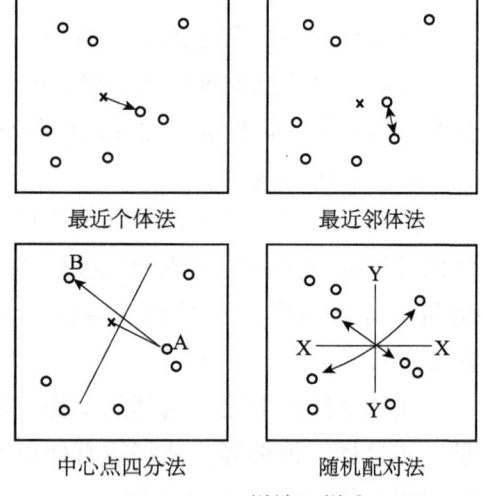

图 2-8 无样地取样法

最近个体法：在调查群落地段内经罗盘确定的线上设置随机取样点，测定从取样点到最近树木个体间的距离，并记录种名、胸径等指标。

最近邻体法：用最近个体法设置取样点。先找出离取样点最近的个体，再找出一株与该个体最近的树木，测量它们之间的距离，并记录其他指标。

随机配对法：用上述方法设置取样点。先找出离取样点最近的个体，从该个体到取样点连成直线，通过取样点再引一线与此连线垂直，建立起一个 180° 的封闭角，在封闭角的另一侧，找出与已选个体最近的树木，测量它们之间的距离，并记录其他指标。

中心点四分法：用同样方法设置取样点。分别以每个取样点为原点建立直角坐标系，在 4 个象限内各找一株与原点距离最近的个体为取样对象，测量其与原点的距离，并记录其他指标。

具体方法步骤如下：

在选定的调查区域内随机布置样点，每个样点之间的距离应保持一致。

在每个样点上，使用十字架或类似工具将样点周围的空间分为4个象限。

在每个象限内找到最靠近中心点的个体，并记录其到中心点的距离和其他相关信息。对所有样点进行同样的测量，并记录数据。

在采用上述方法时，所需要的取样点数量在不同植物群落类型间存在很大差异。例如，中心点四分法有40～88个距离数据（取样点为10～22个）即可，而最近个体法则需要100个以上的距离数据。如果森林群落中的乔木层还存在垂直分层的情况，可以对各亚层取样。无样地取样法主要是针对森林群落乔木层的调查，对于其中的灌木层和草本植物层，可以沿测线系统设置若干小样方进行调查，样方面积在灌丛层为16 m²（4 m×4 m）或25 m²（5 m×5 m），在草本层为1 m²（1 m×1 m）。

中心点四分法被认为是较理想的方法，在每个样点可测得4个距离，这样总的取样点数可以减少，比较省时。Cottam和Curtis（1956）经过与样方取样法比较研究认为，中心点四分法的结果与实际吻合，而其他3种方法一般都有偏差。Cottam（1955）提出前3种方法的结果需要进行矫正，即测得的距离须乘以矫正系数，他提出的矫正系数分别为：最近个体法为2，最近邻体法为1.67，随机配对法为0.8，这些都是经验值。

2.6.9　标记重捕法

动物生态学野外样地设置与取样技术与植物生态学野外样地设置与取样技术相似，也包括样地选择、样地形状与大小、样地数量与分布等，在此不再重复。

动物生态学野外实习的主要目标是学习动物种群数量的统计方法。其中，直接计数法适用于大型、白昼活动的动物。而标记重捕法（Marking-Recapture Method），也称Lincoln指数法，包括一次捕捉、多次重捕等方式，则更适用于小型、活动能力相对较强的动物。此外，还有一种相关指数转化法，它是通过采用与动物数量相关的间接指标来估计动物的数量，比如洞口计数法、巢穴计数法、粪堆计数法，以及观察动物的足迹、标记物和卧迹等。有时，也会用优势度和频度来表示动物数量的多少。除此之外，还可以采用铗日法对小型兽类进行种群数量的调查和统计。这里简单介绍标记重捕法。

标记重捕法是一种在具有明确界限的区域内进行动物种群数量估算的方法。该方法首先捕捉一定数量的动物个体进行标记，然后将其放回原区域。经过一个适当的时期，确保标记个体与未标记个体重新充分混合分布后，再进行重捕。根据重捕样本中被标记者的比例，可以估计该区域的种群总数 N。

具体的计算公式如下：

$$N=(M\times n)/m$$

其中，N 为种群总数，M 为最初标记的个体数，n 为重捕时的个体总数（包括已标记和未标记的个体），m 为重捕样本中已标记的个体数。

当最初标记释放数和再次重捕的样本数很大时，应用上述公式估计种群数量是可行的。此时，估计量的方差由以下公式给出：

$$S^2=[M \times n \times (n-m)]/m^3$$

然而，如果最初标记释放数和再次重捕的样本数较小，可以使用校正公式来计算种群总数及其方差。但在此情况下，计算过程会更为复杂。

需要说明的是，标记重捕法最适用于估计封闭种群的绝对数量，并且需要满足以下假设条件：

标记物和标记方法不能影响动物的正常行为和寿命。

标记维持时间足够长，至少不能短于整个实验时间。

重捕前释放的标记动物必须在种群中充分混合。

捕捉标记动物的概率与捕捉未标记动物的概率相同，不受标记状况、年龄和性别的影响，且标记不能对捕食者有吸引性。

种群是封闭的，没有迁入和迁出。如果有，其数量能被测定。

取样期间没有出生和死亡。如果有，其数量能被测定。

然而，实际上野外封闭的动物种群很难找到，总有生死和迁移发生。因此，上述假设条件中的最后两条很难满足。

2.7 动植物观察、标本采集与记录

2.7.1 植物观察与标本采集

通过观察了解植物的生长习性、形态特征以及与环境之间的相互作用。植物标本采集是了解植物种类、数量和分布的重要手段。掌握植物标本采集的方法，可以提高植物标本采集的质量和效率。

选择典型植株：在样地内选择具有代表性的典型植株，确保采集到的植物标本能够代表该地区的植物种类和特征。

采集不同器官：采集植物的根、茎、叶、花、果实等不同器官，以便进行全面的观察和分析。

标注采集信息：在采集植物标本时，要详细记录样地的编号、采集日期、采集地点等信息，以便后续的数据整理和分析。

2.7.2 动物观察与记录

动物观察与记录是了解动物种类、数量和分布的重要手段。掌握动物观察与记录的方法，可以提高动物观察与记录的质量和效率。

观察动物的形态特征：仔细观察动物的体型、颜色、斑纹等形态特征，以便进行分类和鉴定。

观察动物的行为习性：观察动物的觅食、栖息、繁殖等行为习性，以便了解动物的生活习性和生态需求。

记录观察到的信息：详细记录动物的种类、数量、行为等信息，以便后续的数据整理和分析。

2.7.3 环境因子测量

环境因子测量是了解生态系统环境条件的重要手段。掌握环境因子测量的方法，可以提高环境因子测量的质量和效率。

测量温度：使用温度计测量空气温度、土壤温度等。

测量湿度：使用湿度计测量空气湿度、土壤湿度等。

测量光照强度：使用光照计测量光照强度。

测量土壤 pH 值：使用 pH 计测量土壤 pH 值。

测量土壤水分：使用土壤水分计测量土壤水分含量。

在测量环境因子时，要注意测量仪器的使用方法、校准和数据记录，确保测量数据的准确性和可靠性。

2.7.4 数据记录

数据记录是将采集到的数据和观察到的现象进行详细记录的过程。准确的数据记录是实践成功的关键，它可以帮助学生更好地分析数据和解释结果。

记录数据：将采集到的数据，如植物标本数量、动物种类和数量、环境因子测量值等，进行详细记录。

记录观察到的现象：将观察到的现象，如植物生长状况、动物行为习性等，进行详细记录。

数据整理：将记录的数据进行整理，如分类、汇总、统计等，以便后续的数据分析。

在数据记录过程中，要注意记录的准确性和完整性，确保数据的可用性和可靠性。

2.8 野外数据分析与处理

野外实践结束后，对采集到的数据进行整理和分析，以揭示生态学规律，是实践活动中不可或缺的环节。数据分析与处理主要包括数据整理、数据检验、数据分析和结果解释等步骤。

2.8.1 数据整理

数据整理是将采集到的原始数据进行分类、汇总和统计的过程，以便进行后续的数据分析。数据整理的目的是使数据更加清晰、有序，便于进行分析。

分类：将采集到的数据按照类别进行分类，如将植物种类、动物种类、环境因子等数据分开。

汇总：将同类数据进行汇总，计算总数、平均数、标准差等统计量。

统计：使用统计方法对数据进行处理，如使用频数表、直方图、饼图等展示数据的分布情况。

在数据整理过程中，要注意数据的准确性、完整性和一致性，确保整理后的数据能够准确反映实际情况。

2.8.2 数据检验

数据检验是对整理后的数据进行质量检查的过程，以验证数据的可靠性和有效性。数据检验的目的是发现和纠正数据中的错误和异常值，确保数据分析的准确性。

正态性检验：检验数据是否符合正态分布，以确保后续的统计分析方法适用。

相关性检验：检验数据之间的相关性，以判断是否存在关联关系。

异常值检验：检验数据中是否存在异常值，以排除对数据分析结果的影响。

在数据检验过程中，要根据数据的特点选择合适的检验方法，并对检验结果进行合理的解释。

2.8.3 数据分析

数据分析是根据研究目的，选择合适的统计分析方法对数据进行分析的过程。数据分析的目的是揭示生态学规律，为科学研究提供支持。

描述性统计：使用描述性统计方法，如平均数、标准差、频率等，对数据进行概括和描述。

推论统计：使用推论统计方法，如方差分析、相关分析、回归分析等，对数据进行推断和预测。

在数据分析过程中，要注意选择合适的分析方法，并对分析结果进行合理的解释和讨论。

野外实践常用软件与数据处理方法包括：

Microsoft Excel：用于记录和分析野外实践数据，如制作表格、绘制图表等。

R：用于统计分析野外实践数据，如方差分析、相关分析等。

ArcGIS：用于地理信息系统分析，如地图制作、空间数据分析等。

Photoshop：用于处理野外实践照片，如裁剪、调整亮度、对比度等。

EndNote：用于文献管理，如文献检索、文献引用等。

野外实践专用软件：根据野外实践的具体内容，选择合适的软件进行数据处理和分析。

2.8.4 结果解释

结果解释是对数据分析结果进行解释和讨论的过程，以揭示生态学规律，如物种多样性、群落演替、生态系统功能等。根据研究目的，对数据分析结果进行总结，并提出相应的结论和建议。在结果解释过程中，对数据分析结果进行全面的讨论，并结合实际情况提出合理的结论和建议。

结果解释的目的是使研究结果更加清晰、直观，便于读者理解和应用。

通过以上数据分析与处理步骤，可以揭示生态学规律，这些步骤也可以帮助学生更好地理解生态学知识。在进行野外实践时，要注意数据的准确性和完整性，确保数据分析与处理的质量和效果。

2.9 野外实践报告（论文）、实习总结撰写

野外实践报告是总结野外实践成果的重要方式，在撰写实习报告时，实习内容部分是整个报告的核心内容。如果实习内容较多，可以将其分为不同的部分，如实习内容

一、实习内容二，以此类推。对于每个实习内容，需要涵盖以下几个方面的内容：

（1）介绍实习的基本原理，这是实习内容的理论基础，为实习活动的开展提供指导和依据。

（2）明确实习需掌握的基本技能，这些技能是完成实习任务的关键，包括但不限于数据分析、实验操作、野外观察等。

（3）描述实习方法，包括实习过程中采用的技术和步骤，以及如何收集和处理数据。

（4）进行实习结果分析，分析实习结果并配以图表和文字说明，以直观展示实习成果。

（5）结论与讨论，基于实习结果，提出结论并进行深入讨论，反思和总结实习经验。

此外，实习报告可以按照学术论文的写作格式与规范进行，这种格式一般包括以下几个部分：题目、署名、摘要、关键词、引言、实习区概况、实习研究方法、结果分析、结论与讨论、参考文献。其中正文部分是实习论文的核心内容，包括实习内容的详细描述和分析。为便于学生写毕业论文时能充分运用所学知识，下面以学术论文的写作格式与规范进行讲述。

2.9.1　摘要

摘要是报告的开篇，简要概括野外实践的目的、方法、结果和结论。摘要应具有概括性和完整性，能够准确反映实践活动的核心内容。

目的：简要介绍实践活动的目标，如观察某种动物的行为、调查某种植物的分布等。

方法：简要介绍实践活动的方法，包括样地设置、植物标本采集、动物观察与记录、环境因子测量等。

结果：简要描述实践活动的结果，包括数据和图表。

结论：简要总结实践活动的结论，如某种动物的行为模式、某种植物的分布规律等。

2.9.2　引言

引言是报告的开篇，介绍野外实践的研究背景、目的和意义。引言可以帮助读者更好地理解实践活动的背景和重要性，起到引领的作用。

研究背景：介绍实践活动的背景，如乌蒙山片区的生态环境特点、研究目的等。

目的和意义：阐述实践活动的目的和意义，如提高生态环境保护意识、揭示生态学规律等。

2.9.3 材料与方法

材料与方法是报告的核心部分，介绍野外实践的材料、工具、仪器、方法等。详细描述实践活动的过程，可以帮助读者更好地理解和复制实践活动的结果。

材料：介绍实践活动中使用的材料，如植物标本、动物样本、环境因子测量仪器等。

工具与仪器：介绍实践活动中使用的工具和仪器，如望远镜、GPS、罗盘、卷尺、皮尺、温度计、湿度计等。

方法：详细描述实践活动的方法，包括样地设置、植物标本采集、动物观察与记录、环境因子测量等。

2.9.4 结果

结果是报告的重点部分，详细描述野外实践的结果，包括数据和图表。结果的描述应具有准确性和完整性，能够充分反映实践活动的成果。

数据：详细描述实践活动中采集到的数据，如植物种类、动物种类、环境因子测量值等。

图表：使用图表展示数据，如柱状图、折线图、饼图等。

2.9.5 讨论

在讨论部分，我们对实习研究结果进行深入分析和讨论，以揭示生态学规律，并提出相应的结论和建议。这一过程的目的是使研究结果更加清晰、直观，便于读者理解和应用。

首先，我们根据数据分析结果，揭示生态学规律，如物种多样性、群落演替、生态系统功能等。这些规律的发现有助于我们更深入地理解生态系统的运作机制和生物之间的相互作用。

其次，我们根据研究目的，对数据分析结果进行总结，并提出相应的结论和建议。这些结论和建议应当基于数据支持，具有科学性和实用性，能够为生态保护和资源管理提供指导。

2.9.6 参考文献

参考文献是报告的结尾部分，列出野外实践过程中参考的文献资料。参考文献的列出可以反映实践活动的学术基础，并为读者提供进一步阅读的参考。

在撰写野外实践报告时，要注意报告的结构和内容，确保报告的逻辑性和条理性。同时，要注意报告的格式和规范，确保报告的规范性和美观性。通过认真撰写野外实践报告，可以全面反映实践活动的成果，为科学研究提供支持，同时也可以提高学生的科研能力和写作能力。

2.9.7 实习总结撰写

在实习总结部分，我们可以从以下几个方面进行深入的反思和总结：

首先，我们要分享在整个野外实习工作中的亲身感受和学习心得。这部分内容可以包括实习过程中的体验、挑战，以及克服困难后的成就感。通过这些分享，我们可以更好地理解实习的意义和价值。例如，实习期间的团队合作、野外生存技能的学习，以及对自然生态系统的直观感受等。

其次，我们要探讨今后需要深入开展研究与学习的生态学知识与技能。这涉及对实习中所接触到的生态学概念和方法的进一步学习和掌握，以及对实习中发现的知识空白和技能短板的补充。例如，可能需要进一步研究的生态学理论、数据分析技能、野外调查技术等。

再次，我们要对实习经验进行总结。这部分内容可以包括实习中成功的经验和有效的工作方法，以及在实习中所学到的实用技能和知识。例如，实习中如何有效地进行数据收集、分析和报告撰写，以及如何与团队成员有效沟通和协作。

最后，我们要识别实习中存在的问题、不足以及教训。这部分内容应该包括实习过程中遇到的困难、错误以及从中吸取的教训，以便在未来的学习和工作中避免重复同样的错误，不断提高和成长。例如，实习中可能存在的资源不足、时间管理不当、安全意识不足等问题，以及如何改进这些问题的思考和计划。

通过这样的总结，我们不仅能够巩固实习成果，还能够为未来的学习和研究工作打下坚实的基础。

2.10 野外实践团队协作与沟通

野外实践往往需要团队合作完成，因此团队协作与沟通在野外实践过程中起着至关重要的作用。良好的团队协作与沟通可以提高实践活动的效率和质量，确保实践活动的顺利进行。

2.10.1 明确分工

明确分工是团队协作的基础。根据团队成员的特长和兴趣,明确分工,确保各项工作有序进行(表2-1)。

表2-1 生态学野外调查分工表

序号	调查日期	调查地点	调查人员	调查内容	记录结果	备注
1				植被种类及分布	记录主要植被种类和分布情况	注意观察是否有特殊植物
2				动物种类及活动情况	记录常见动物种类和活动情况	注意观察是否有特殊动物
3				土壤类型及水分情况	记录土壤类型和水分情况	注意土壤湿度对植被和动物的影响
4				水源分布及水质情况	记录水源分布和水质情况	注意水质对植被和动物的影响
5				地形地貌及气候特点	记录地形地貌和气候特点	注意地形和气候对植被和动物的影响
6				人类活动对生态环境的影响	记录人类活动对生态环境的影响	注意人类活动对生态环境的影响
……	……	……	……	……	……	

专业分工:根据团队成员的专业背景和技能,分配相应的任务,如植物学、动物学、环境科学等。

任务分工:根据实践活动的具体内容,分配相应的任务,如样地设置、植物标本采集、动物观察与记录、环境因子测量等。

责任分工:明确团队成员的责任,确保每个人都能承担起自己的工作职责。

在明确分工的过程中,要充分考虑团队成员的能力和兴趣,确保分工的合理性和有效性。

2.10.2 加强沟通

加强沟通是团队协作的关键。团队成员之间要加强沟通,及时交流信息,解决问题。

日常沟通:在野外实践过程中,团队成员之间要保持日常沟通,及时分享实践活动的进展和问题。

定期会议：定期召开团队会议，总结实践活动的成果和问题，制订下一步工作计划。

紧急情况沟通：在遇到紧急情况时，要及时沟通，共同解决问题。

在加强沟通的过程中，要确保沟通的有效性和及时性，避免信息滞后和误解。

2.10.3 互相帮助

互相帮助是团队协作的重要体现。团队成员之间要互相帮助，共同完成任务。

技术支持：在实践活动中，团队成员之间要互相提供技术支持，解决实践过程中的技术问题。

心理支持：在野外实践过程中，团队成员之间要互相提供心理支持，共同克服困难。

在互相帮助的过程中，要注重团队成员之间的相互尊重和信任，形成良好的团队氛围。

2.10.4 团结协作

团结协作是团队协作的最高境界。团队成员之间要团结协作，形成合力，共同完成野外实践任务。

共同目标：团队成员要有共同的目标，齐心协力，共同为实践活动的成功而努力。

协作精神：团队成员要具备协作精神，相互配合，共同完成实践活动的各项工作。

在团结协作的过程中，要注重团队精神的培养，使团队成员能够共同面对挑战，共同解决问题。

通过以上团队协作与沟通的实施，可以确保野外实践活动的顺利进行，提高实践活动的效率和质量。同时，团队协作与沟通也可以帮助学生更好地理解生态学知识，提高生态环境保护意识，为生态文明建设贡献力量。在进行野外实践时，要注重安全，做好准备工作，掌握野外实践技能，认真分析数据，撰写高质量的野外实践报告，注重团队协作与沟通，确保野外实践取得圆满成功。

在野外实践过程中，团队协作与沟通的重要性不言而喻。通过明确分工、加强沟通、互相帮助和团结协作，可以确保野外实践活动的顺利进行，提高实践活动的效率和质量。

第三章

个体生态学野外实践

3.1 主要生态因子的观测

3.1.1 地理信息的观察与测定

地理信息是生态学研究的基础,包括地理位置、地形地貌等。这些信息对理解生态系统的结构和功能至关重要。地理位置提供了生态系统的空间背景,而地形地貌则影响着气候、水文、土壤等生态因子,进而影响生物群落的结构和分布。掌握这些地理信息有助于深入理解生态系统的复杂性和动态变化。

3.1.1.1 实践目的

通过实地观察和测定,掌握地理信息对生态系统的影响,为后续的生态研究提供基础数据。这有助于理解不同地理环境下生物群落的适应性和多样性,以及人类活动对生态系统的潜在影响。此外,这些数据对于制订生态保护和生态恢复策略也具有重要意义。

3.1.1.2 实践内容

地理位置的获取。学习地理位置的表示方法,包括经纬度坐标系统。掌握角度测量和距离测量的基本技能。熟悉全球定位系统(GPS)的操作方法,用于精确获取地理位置数据。

地形地貌观察与测量。使用地图和 GPS 设备,记录研究区域的地形地貌特征。学习基本的地貌形态描述与计量指标,如坡度、坡向、海拔等。考察特征地貌,如山脉、河流、湖泊等,并记录其对生态系统的潜在影响。应用地形图和遥感影像图,分析地形地貌对生态系统的直接影响和间接影响。

3.1.1.3 调查方法与步骤

(1)所需仪器设备

目前,我们通常使用手持式 GPS 来完成这项任务。GPS 设备因其体积小、质量轻、携带方便、自带电源、具备数据存储功能以及能够快速测定等特性而被广泛采用。GPS 测量原理主要分为卫星发射信号、接收机接收信号和位置计算 3 个步骤。使用时需同时捕捉到 4 颗卫星信号才能获得较好效果,因此在森林群落内使用 GPS 时会因卫星信号减弱而受到一定影响。

GPS 使用时，首先进行设备检查和初始化设置，确保仪器和电极状态良好；其次，将 GPS 接收器放置在开阔地带，避免周围物体对信号接收产生影响；再次，接收器接收到至少 4 颗卫星信号后，通过计算信号传播时间差来确定自身三维位置；最后，读取并记录下地理位置数据。这些步骤确保了在野外调查中能够准确地记录和分析地理位置信息。然而，需要注意的是，在森林群落内使用 GPS 可能会因卫星信号减弱而受到一定影响。

除了 GPS，测定海拔高度也可以使用手持式气压海拔仪。由于气压海拔仪的工作受气压影响较大，晴天和阴天所测海拔略有差异，每次使用前需要在已知海拔地点进行校正。气压海拔仪有表盘式和数显式。表盘式气压海拔仪可根据指针所指刻度值读出所在地点的海拔高度。有些表盘式气压海拔仪表盘外圈的数字表示"米"，内圈数字表示"千米"，要根据不同指针所指刻度值确定海拔高度。目前新的海拔仪产品很多，不仅能测定海拔高度，还可测定温度、气压和方位，并有计时功能。此外，许多手机也可测定海拔高度、方位、经纬度等，给测量带来了便利。

至于测定坡向和坡度，则可以使用一般的地质罗盘仪。这种仪器能够帮助我们准确地测量地形的坡度和方向，对于地形复杂的野外调查区域尤为重要。

（2）步骤

步骤一：使用地形图和遥感影像图辅助确定研究区域内的主要地形地貌特征。

步骤二：进行实地考察，记录地形地貌的详细信息，包括坡度、坡向、海拔等。

步骤三：对特征地貌进行详细观察，记录其对周围生态系统的影响。定期复查和更新数据，以捕捉地形地貌的长期变化。

3.1.1.4 数据计算与结果分析

地形地貌图的绘制：根据实地观察和测量数据，绘制地形地貌图，包括海拔、坡度、坡向等信息。

地形地貌对生态系统影响的分析：分析地形地貌对生态系统的影响，如地形对水文循环的影响，地貌对物种分布的影响等。

评估地形地貌对生态系统服务功能的贡献，如水源涵养、土壤保持等。

利用地理信息系统（GIS）软件，对地形地貌数据进行空间分析，以揭示生态系统的分布模式和变化趋势。

结合生物多样性数据，分析地形地貌对生物多样性的影响，识别关键的生物多样性热点区域和生态走廊。

思考题

（1）地形地貌如何影响生态系统的物种分布？

（2）不同地形地貌特征对植物群落结构和功能有哪些影响？

（3）地形地貌如何影响生态系统对气候变化的响应和适应能力？

3.1.2 光照条件的观察与测定

光照是影响生物生长和分布的关键生态因子之一。光照条件包括光照强度、光照周期和太阳辐射强度，对植物的光合作用、动物的生物节律以及整个生态系统的能量流动和物质循环都有着深远的影响。

3.1.2.1 实践目的

了解光照条件对生物活动的影响，为生态保护和管理提供科学依据。通过实地测定和观察，可以更好地理解光照如何影响生物的生长、繁殖和分布，进而为生态系统的保护和可持续管理提供科学指导。

3.1.2.2 实践内容

光照强度测定。使用光度计测量不同时间和地点的光照强度，以了解光照在时间和空间上的分布特征。

光照周期观察。记录不同季节和天气条件下的光照周期，分析光照周期对生物节律的影响。

光合速率测定。通过测量植物在不同光照条件下的光合速率，了解光照对植物生产力的影响。

不同生境太阳辐射强度的测定。测定不同生境（如森林、草地、水体等）中的太阳辐射强度，分析生境对光照条件的调节作用。

不同光照条件下植物开花情况的比较。比较不同光照条件下植物的开花时间和开花量，探讨光照对植物繁殖策略的影响。

3.1.2.3 调查方法与步骤

步骤一：在不同时间和地点使用光度计测量光照强度，确保覆盖一天中的不同时间段以及不同生境。测定方法有直接测量与比较测量，直接测量可将光度计放置在待测区域，直接读取显示的数值即可得到光照强度。这种方法适用于对光照强度要求不高的场合，如一般的室内照明测量。而比较测量是在已知光照强度的地点对光度计进行校准，然后在待测区域进行测量，通过比较得出光照强度。

步骤二：记录测量数据，并分析光照强度的变化趋势，以了解光照的日变化和季节变化。

步骤三：对于光合速率的测定，可以使用便携式光合作用测量系统，例如，CI-340

型。这类仪器能够测量植物光合作用的相关参数，包括净光合速率、呼吸速率、蒸腾速率、气孔导度、胞间 CO_2 浓度等，目前系统还具备快速连续测量的功能，能够提供精确的实时数据。使用时，可以选择开路或闭路的测量方式，适用于单叶和群体光合作用的测量。结合环境控制模块，可以调节叶室内的光照、温度、水分和 CO_2 浓度，以研究环境因子与光合作用及呼吸作用的关系。此外，这些仪器还能在自然环境下同步测量光合荧光参数。

具体的使用方法是，首先，将叶室与主机连接，选择合适的测量模式，然后将叶室置于待测叶片上。根据实验需求，可以手动或自动控制叶室内的环境条件，如光照强度、CO_2 浓度和温度。测量时，仪器会连续记录数据，待读数稳定后即可记录并分析光合作用参数。这些参数对于理解植物在不同环境条件下的生理响应至关重要。

3.1.2.4 数据计算与结果分析

计算不同地点的平均光照强度。通过对测量数据的统计分析，计算不同地点在不同时间段的平均光照强度。

分析光照强度对生物活动的影响。结合光照强度的测定结果和生物活动（如植物的光合作用、动物的活动节律等）的观察数据，分析光照强度对生物活动的直接影响。

比较不同生境的太阳辐射强度。分析不同生境对太阳辐射强度的调节作用，以及这种调节对生物多样性和生态系统功能的影响。

分析光照对植物开花情况的影响。通过比较不同光照条件下植物的开花时间和开花量，探讨光照对植物繁殖策略的影响，以及这种影响对植物种群动态和生态系统服务功能的潜在影响。

思考题

（1）光照强度如何影响植物的光合作用？
（2）光照周期的变化对动物的生物钟有何影响？

3.1.3 温度变化的监测与记录

温度是影响生物生理和分布的重要生态因子。它直接或间接地影响着生物的新陈代谢、生长发育、繁殖和存活，同时也是决定生物分布范围的关键因素之一。

3.1.3.1 实践目的

监测温度变化，了解其对生物活动的影响。通过记录不同时间和地点的温度变化，可以为研究生物对温度变化的适应性提供数据支持，并对生态系统的动态变化进行预测。

3.1.3.2 实践内容

温度监测。使用温度计在不同时间和地点测量温度,以获取温度变化的实时数据。

温度变化记录。记录温度的日变化和季节变化,分析温度波动对生物活动的潜在影响。

3.1.3.3 调查方法与步骤

步骤一: 在不同时间和地点设置温度计,确保覆盖研究区域内的不同生境和海拔。
步骤二: 定期记录温度数据,包括最高温度、最低温度以及平均温度。
步骤三: 对于季节性温度变化的记录,应至少覆盖一个完整的年度周期。

3.1.3.4 数据计算与结果分析

计算温度的日变化和季节变化。通过对记录数据的统计分析,计算温度的日变化幅度和季节性变化趋势。

分析温度变化对生物活动的影响。结合温度数据和生物活动(如动物的活动时间、植物的生长速度等)的观察数据,分析温度变化对生物活动的直接影响。

思考题

(1)温度变化对动物的冬眠行为有何影响?
(2)温度对植物生长周期有何影响?
(3)如何通过温度监测数据预测生态系统对气候变化的响应?

3.1.4 降水量与湿度的测定方法

降水量与湿度是影响生态系统水循环和生物活动的关键生态因子。降水量直接影响地表水和地下水的补给,而湿度则影响植物的蒸腾作用和动物的水分平衡。了解这些生态因子的变化对于评估生态系统的健康状况和预测其对环境变化的响应至关重要。

3.1.4.1 实践目的

掌握降水量与湿度的测定方法,为水文和生态研究提供数据。通过实地测定,可以收集关于降水和湿度的准确数据,这些数据对于理解生态系统中的水循环过程、评估水资源的可用性以及预测气候变化对生态系统的影响具有重要意义。

3.1.4.2 实践内容

降水量测定。使用雨量计测量降水量,包括降雨、降雪等所有形式的降水。

湿度测定。使用湿度计测量空气湿度，了解空气中水汽的含量。

水生植物的观察。观察水生植物的生长状况，了解湿度对它们生长的影响。

旱生和中生植物的观察。观察旱生和中生植物的生长状况，比较不同湿度条件下旱生和中生植物的适应性。

水生动物的观察。观察水生动物的行为和分布，了解降水量变化对它们的影响。

3.1.4.3 调查方法与步骤

在研究区域内选择代表性地点设置雨量计和湿度计。使用雨量计测量降水量，包括降雨、降雪等所有形式的降水。这种仪器由一个集水漏斗和一个量杯组成，可以是手动或自动记录类型。雨量计应放置在开阔地带以避免周围物体的干扰，降水结束后，通过读取量杯中的水量来记录降水量。湿度的测定则可以通过多种仪器完成，包括温湿计、露点温度计和电子湿度传感器。温湿计可以同时测量温度和湿度，通常由温度传感器和湿度传感器组成，可以手动记录或与数据记录器相连实现自动化数据收集。露点温度计则通过测量空气中水蒸气凝结成露水的温度来间接测量湿度。电子湿度传感器提供更精确的湿度测量，通常与计算机系统相连，可以实现湿度连续监测和数据存储，了解空气中水汽的含量。

定期记录降水量和湿度数据，确保数据的连续性和完整性。

对于水生植物、旱生和中生植物以及水生动物的观察，应选择不同的季节和环境条件进行，以获得全面的观察结果。

3.1.4.4 数据计算与结果分析

计算降水量的月度和年度总量。通过对雨量计收集的数据进行整理和计算，得出研究区域内的月度和年度降水量。

分析湿度对生物活动的影响。结合湿度计的数据和对植物及动物的观察结果，分析湿度变化对生物活动的直接影响，如植物的蒸腾速率、动物的水分平衡和行为模式等。

思考题

（1）降水量的变化如何影响生态系统中的水循环？

（2）湿度变化对旱生植物和水生植物的生长有哪些不同的影响？

（3）湿度如何影响植物的蒸腾作用？

3.1.5 水体生态因子的测定技术

水体生态因子包括水质、水流速度、溶解氧等，对水生生物的生存至关重要。水质参数如 pH 值、溶解氧和营养盐含量直接影响水生生物的生理功能和生存环境。水流速度则影响物质的运输和生物的分布模式。了解这些生态因子对于评估水生生态系统的健康状况和制订有效的管理措施至关重要。

3.1.5.1 实践目的

了解水体生态因子的测定技术，为水生生态系统的研究和管理提供数据。通过实地测定，可以收集关于水体生态因子的准确数据，这些数据对于理解水生生物的生存环境、评估水质状况以及制订水资源管理策略具有重要意义。

3.1.5.2 实践内容

水质测定。使用水质分析仪器测定 pH 值、溶解氧、营养盐含量等关键水质指标。

水流速度测定。使用流速计测量水流速度，了解水流对物质运输和生物分布的影响。

不同水体溶解氧的测定。在不同类型和不同地点的水体中测定溶解氧，以评估水体的自净能力和生物多样性。

3.1.5.3 调查方法与步骤

步骤一： 在水体中选择代表性的采样点，设置水质分析仪器和流速计，测定水质的关键指标如 pH 值、溶解氧和营养盐含量，通常使用便携式 pH 计、溶解氧电极或多参数水质分析仪等仪器。pH 值的测定方法是将 pH 电极浸入水中，等待读数稳定后记录 pH 值，同时确保电极湿润且无污染。溶解氧的测定则是将溶解氧电极浸入水中，待读数稳定后记录溶解氧浓度，需要对电极进行零点和量程的校准。营养盐含量的测定则通过采集水样，加入特定试剂后利用仪器分析，根据吸光度变化计算营养盐含量，其中连续流动分析法能够同时测定多种营养盐，如硝酸盐、磷酸盐和硅酸盐。这些仪器操作简便、测量迅速且精度高，适合于野外和实验室环境。进行测定时，应按照操作手册进行仪器的校准和维护，以确保数据的准确性。

使用流速计前，首先，要确保设备完好并进行初始化设置，包括检查电源和传感器的状态，以及辅助设备的运行情况。其次，将流速计安装在适当的位置，并连接传感器和电源。最后，通过计算机或控制器进行初始化设置，输入必要的参数，并设置采样周期和存储方式。测量时，将流速计的传感器部分垂直于水流方向放入水中，等待读数稳定后记录流速。流速计可以手动记录数据，也可以与数据记录器或计算机连接，实现自动数据收集。测量结束后，需要对流速计进行清洁和维护，以防止水垢和杂物影响后续使用。此外，定期对流速计进行校准也是确保测量准确性的重要步骤。

步骤二： 定期记录水质和水流速度数据，确保数据的连续性和完整性。

步骤三： 对于不同水体溶解氧的测定通常使用便携式溶解氧测定仪，例如，JPB-

607A 型。这类仪器主要采用极谱式或荧光法来测量水中的溶解氧含量。使用时,首先需要进行准备工作,确保仪器和电极处于良好状态,并准备好电解液和校准液。接着安装电极,并进行零点和满度的校准。测量时,将电极浸入水体中,轻轻搅拌水体,等待读数稳定后记录溶解氧值。溶解氧测定仪通常具备数据存储功能,可以保存多组测量结果。测量结束后,要正确清洁和保存电极,以保证其准确性和寿命。测定应选择不同的季节和环境条件进行,以获得全面的观察结果。

3.1.5.4 数据计算与结果分析

计算水质指标的平均值和变化范围。通过对水质分析仪器收集的数据进行整理和计算,得出研究水体的水质指标平均值和变化范围。

分析水流速度对水生生物分布的影响。结合流速计的数据和对水生生物分布的观察结果,分析水流速度对水生生物栖息地选择和分布模式的影响。

思考题

(1)水质变化对水生生物多样性有何影响?
(2)不同水体溶解氧的差异对水生生态系统功能有何启示?

3.1.6 土壤特性的观察与分析

土壤特性包括土壤质地、pH 值、有机质含量等,对植物生长和土壤微生物活动有重要影响。土壤质地影响水分和空气的保持能力,pH 值决定了土壤中养分的可利用性,而有机质含量则提供了能量来源和土壤结构。了解这些特性有助于评估土壤的肥力和生态功能。

3.1.6.1 实践目的

掌握土壤特性的观察与分析方法,为土壤生态研究提供基础数据。通过实地观察和实验室分析,可以收集关于土壤特性的准确数据,这些数据对于理解土壤生态过程、评估土壤健康状况以及指导土壤管理和保护具有重要意义。

3.1.6.2 实践内容

土壤 pH 值和有机质含量测定。通过测量土壤 pH 值和有机质含量,了解土壤的酸碱度和有机质水平。

土壤动物的采集和初步分类。通过采样和观察,了解土壤动物的种类和数量,评估土壤生物多样性。

不同植物干重的称量比较。对比不同土壤条件下植物的生长情况，了解土壤肥力对植物生长的影响。

不同生境和土壤深度温度的测定。测量不同生境和不同深度的土壤温度，了解温度对土壤生物活动的影响。

不同土壤剖面的观察对比。观察和比较不同土壤类型的土壤剖面，了解土壤结构和层次分布。

3.1.6.3 调查方法与步骤

步骤一：采用便携式土壤因子检测仪对土壤环境因子进行观测。使用便携式土壤因子检测仪时，通常需要将手持式读数表与探头连接，然后将探针插入群落调查样方内的土壤层中。在显示屏上，可以直接读取土壤的水分、盐分、温度和pH值等数据，并且这些数据可以存储，以便在测定结束后下载到计算机上进行进一步分析。为了确保数据的准确性，一个样方通常会进行3～5次的重复测定。根据不同的测定需求，可以选择不同长度的探针（如10 cm、20 cm或30 cm）插入土壤进行分层测定。使用这些仪器时，需要注意的是，探针较为精细，插入土壤时应避免用力过猛，以免损坏探针或影响测定结果。

采用全自动大型仪器进行土壤常规养分含量的测定。虽然便携式土壤因子检测仪能够提供较为准确的土壤水分、温度、pH值和电导率等数据，但对于土壤盐分和养分含量的准确测定，通常需要将采集的土壤样品带回实验室进行分析。目前，土壤常规养分含量的测定，如土壤有机质、全氮、速效氮、全磷、速效磷、全钾、速效钾等，多采用全自动大型仪器进行。例如，意大利产的FLOWSYS型连续流动分析仪就是一种多通道连续流动分析仪，它在制备好土壤待测样品后，能够通过电脑控制实现自动化的检测过程，测量精度高、检测速度快、检测结果精确可靠。

步骤二：使用标准方法采集土壤动物样本，并进行初步分类。

步骤三：在不同土壤条件下种植相同植物，定期测量并记录其干重。

步骤四：使用土壤温度计在不同生境和不同深度测量土壤温度。

步骤五：对不同土壤类型的土壤剖面进行观察和记录，注意土壤层次和结构。

3.1.6.4 数据计算与结果分析

绘制土壤特性分布图。利用GIS软件或图表工具，根据测试结果绘制土壤pH值、有机质含量和质地的空间分布图。

分析土壤特性对植物生长的影响。结合植物干重数据和土壤特性，分析不同土壤条件下植物生长的差异，评估土壤肥力。

思考题

（1）土壤质地如何影响植物根系的发育？
（2）土壤 pH 值的变化对土壤微生物活动有何影响？
（3）土壤有机质含量的变化如何影响土壤的生态功能？

3.2 乌蒙山片区生物资源调查

生物资源调查是了解生物多样性现状和变化趋势的重要方法，对于保护和合理利用自然资源具有重要意义。乌蒙山片区作为一个生物多样性丰富的地区，进行生物多样性资源调查尤为重要。

3.2.1 陆生脊椎动物资源调查

乌蒙山片区位于云南省东北部，生物多样性丰富，包括多种陆生脊椎动物。其中包括多种国家一级和二级重点保护的鸟类，如四川山鹧鸪、白鹇峨眉亚种、黑颈鹤、黑鹳等。这些动物是生态系统的重要组成部分，对维持生态系统平衡和生物多样性具有重要作用。我们统计了片区内常见动物名录，以便于同学们对照使用，详见右侧二维码。

乌蒙山片区常见动物名录

3.2.1.1 实践目的

了解乌蒙山片区内陆生脊椎动物的种类、数量和分布，为生物多样性保护和生态管理提供数据。这些数据有助于识别受威胁物种、评估栖息地质量，并为制订保护措施和环境影响评估提供科学依据。

3.2.1.2 实践内容

动物种类识别。通过观察和记录，识别乌蒙山片区内不同种类的陆生脊椎动物，包括对动物的形态特征、行为习性和生态环境的观察。

动物数量估计。使用标记重捕法等方法估计动物数量，有助于了解动物种群的规模和动态变化。

3.2.1.3 调查方法与步骤

步骤一：设置观察点。在乌蒙山片区内设置观察点，这些观察点应覆盖不同的生境和时间段，以确保样本的代表性。

步骤二： 记录动物种类和行为。在每个观察点记录所有观察到的陆生脊椎动物的种类、数量和行为。

步骤三： 使用标记重捕法估计动物数量。对于难以直接计数的动物种群，使用标记重捕法或其他抽样技术来估计总体数量。

3.2.1.4 数据计算与结果分析

计算不同种类动物的数量和分布。根据观察和标记重捕法的数据，计算每个动物种类的个体数量和分布范围。

分析动物种类和数量对生态系统的影响。结合动物生态学知识，分析动物多样性和数量对生态系统功能（如能量流动、物种相互作用、生态位填充）的影响。

思考题

（1）陆生脊椎动物的多样性如何反映乌蒙山片区生态系统的健康状态？

（2）人类活动如何影响乌蒙山片区内陆生脊椎动物的分布和数量？

（3）针对乌蒙山片区国家重点保护动物的保护措施应如何制订，以确保其生存环境的安全？

3.2.2 植物资源调查

乌蒙山片区是中国生物多样性的关键区域之一，拥有丰富的国家重点保护野生植物资源。这些植物不仅是生态系统的重要组成部分，还对维持生态平衡和生物多样性具有重要作用。植物作为生态系统的生产者，通过光合作用为生态系统提供能量和氧气，同时也是许多动物的食物来源和栖息地。根据《国家重点保护野生植物名录》，乌蒙山国家级自然保护区内现有国家一级保护植物珙桐、南方红豆杉，国家二级保护植物连香树、福建柏、水青树、十齿花等。了解这些植物的种类、数量和分布有助于评估生态系统的健康状况，并为保护和恢复生态系统提供科学依据。我们统计了片区内常见植物名录，以便于同学们对照使用，详见右侧二维码。

乌蒙山片区常见植物名录

3.2.2.1 实践目的

了解乌蒙山片区内植物的种类、数量和分布，为植物资源的保护和生态恢复提供基础数据。通过实地调查，收集植物多样性和分布模式的相关数据，这些数据对于制订植物保护策略和恢复受损生态系统具有重要意义。

3.2.2.2 实践内容

植物种类识别。通过观察和记录，识别不同种类的植物，包括国家重点保护的野生植物。

植物数量估计。使用样方法等科学方法来估计植物数量，包括对特定区域内所有植物的计数或使用统计方法来估计总体数量。

3.2.2.3 调查方法与步骤

步骤一：设置样方。在研究区域内随机设置样方，确保样本覆盖不同的生境，以提高样本的代表性。

步骤二：记录植物种类和数量。在每个样方内详细记录所有植物的种类和数量，包括乔木、灌木、草本植物和藤本植物。

步骤三：使用样方法估计植物数量。对于难以直接计数的植物群落，采用样方法或其他抽样技术来估计总体数量。

3.2.2.4 数据计算与结果分析

计算不同种类植物的数量和分布。根据样方数据，计算每个植物种类的个体数量和分布范围，绘制植物分布图。

分析植物种类和数量对生态系统的影响。结合植物生态学知识，分析植物多样性和数量对生态系统功能的影响，如能量流动、土壤稳定、水源涵养等，评估植物资源对生态系统服务功能的贡献。

思考题

（1）人类活动如何影响乌蒙山片区内国家重点保护野生植物的分布和数量？

（2）国家重点保护野生植物的多样性如何反映生态系统的健康状态？

第四章

种群生态学野外实践

4.1 种群基本数量特征测定

通过对种群数量特征的调查分析，可以了解种群的数量动态、繁殖状况、生存状况等信息，为种群管理和保护提供科学依据。种群数量特征的调查分析是生态学研究的重要组成部分。

4.1.1 种群大小与种群密度调查

种群大小和种群密度是生态学中的重要概念，它们描述了特定区域内生物个体的数量。种群大小指的是在一定时间和空间范围内的个体总数，而种群密度则是指单位面积或体积内的个体数。了解种群大小和种群密度有助于评估生物群落的健康状况和生态系统的稳定性。这些数据对于保护生物多样性、管理自然资源和预测种群动态至关重要。

4.1.1.1 实践目的

学习如何估计和测量种群大小和种群密度。
掌握不同调查方法和实验步骤。
分析种群密度对生态系统的影响。
培养科学思维和数据处理能力。

4.1.1.2 实践内容

选择一个特定的生物种类进行调查。
确定调查区域和时间。
选择合适的调查方法。
收集和分析数据。

4.1.1.3 调查方法与步骤

（1）标记重捕法

步骤一：在第一次捕获时，标记一定数量的个体并释放。确保标记不会对个体造成伤害，并且容易被再次捕获时识别。

步骤二：在一段时间后再次捕获，记录标记和未标记个体的数量。时间间隔应根据物种的移动能力和生态习性确定。

步骤三：使用公式 $N=M \times n/m$ 计算种群大小，其中，N 为种群大小，M 为最初标记的个体数，n 为重捕时的个体总数，m 为重捕样本中已标记的个体数。

（2）样方法

步骤一：在调查区域内随机或系统地设置若干个样方。样方的大小和形状应根据研究对象的生态习性和分布特征确定。

步骤二：在每个样方内计数所有个体。确保计数准确，避免重复计数或遗漏。

步骤三：计算每个样方的种群密度，然后求平均值。种群密度=样方内个体数/样方面积。

4.1.1.4 数据计算与结果分析

根据调查方法收集的数据，使用上述公式计算种群大小和种群密度。

分析种群密度的季节性变化和环境因素的关系，如食物资源、气候条件、天敌压力等。

讨论种群密度对生态系统功能的影响，如能量流动、物质循环、生物多样性维持等。

使用统计软件进行数据分析，如 t 检验、方差分析等，以评估不同因素对种群密度的影响。

思考题

（1）标记重捕法中，如果标记的个体在第二次捕获时没有被重新捕获，这将如何影响种群大小的估计？考虑可能的原因和改进方法。

（2）在使用样方法时，样方的大小和分布对种群密度的估计有何影响？如何选择合适的样方大小和分布？

（3）种群密度的变化对生态系统的生物多样性有何潜在影响？考虑不同物种间的相互作用和生态系统服务功能。

4.1.2 种群年龄结构调查与分析

种群的年龄结构是指种群中不同年龄组个体的分布情况。年龄结构对于理解种群的动态变化、预测未来趋势以及制订保护和管理策略至关重要。通过分析年龄结构，我们可以了解种群的繁殖潜力、死亡率和生存率，这些都是评估种群健康状况和可持续性的关键因素。

4.1.2.1 实践目的

学习如何调查和分析种群的年龄结构。

了解年龄结构对种群动态的影响。

掌握预测种群未来变化的方法。

培养对种群生态学理论的深入理解。

4.1.2.2 实践内容

选择一个特定的生物种类进行调查。

确定调查区域和时间。

收集不同年龄组的个体数据。

分析数据并绘制年龄金字塔。

使用生命表法预测种群的未来变化。

4.1.2.3 调查方法与步骤

（1）年龄结构调查

步骤一： 在调查区域内随机或系统地捕获个体。确保捕获方法对个体无害，且能够代表整个种群。

步骤二： 根据个体的生长发育特征确定其年龄。这可能包括体型、体重、鳞片、年轮或其他生物学特征。

步骤三： 记录每个年龄组的个体数量。确保数据的准确性和完整性。

（2）生命表法

步骤一： 收集关于出生率、死亡率和存活率的数据。这些数据可以通过长期观察、标记重捕或文献回顾获得。

步骤二： 构建生命表，展示不同年龄组的存活率和繁殖率。生命表应包括每个年龄组的个体数、存活率、死亡率和繁殖率。

步骤三： 分析生命表，预测种群的未来变化。使用生命表数据计算种群增长率（λ）和内禀增长率（r）。

4.1.2.4 数据计算与结果分析

使用收集的数据绘制年龄金字塔，展示不同年龄组的个体数量。

分析年龄结构的类型（如金字塔型、柱状型等）及其生态学意义。例如，金字塔型可能表明种群正在增长，而柱状型可能表明种群稳定或衰退。

根据生命表预测种群的增长或衰退趋势。计算种群增长率（λ）和内禀增长率（r），并分析其对种群未来的影响。

思考题

（1）年龄结构的变化如何反映种群的繁殖能力和生存压力？考虑不同年龄组的繁殖率和死亡率。

（2）在不同环境条件下，年龄结构对种群动态的影响有何不同？例如，资源限制、捕食压力和气候变化如何影响年龄结构？

（3）如何利用年龄结构数据来制订有效的种群保护和管理策略？

4.1.3　样方法估算某一草地植物种群的大小

样方法是一种统计学上的抽样技术，用于估计植物种群的大小。它基于在特定区域内随机或系统地选择若干个样方，然后计数每个样方内的植物个体数，以此来推断整个区域的种群密度。这种方法在生态学研究中非常实用，尤其是在草地生态系统中，因为它可以提供关于植物种群分布和丰度的定量信息。

4.1.3.1　实践目的

学习如何使用样方法进行植物种群大小的估算。

掌握样方设置、数据收集和分析的步骤。

理解样方法的局限性和适用条件。

提高数据分析和解释能力。

4.1.3.2　实践内容

确定研究区域和研究对象。

设计样方的大小和形状。

在研究区域内随机或系统地设置样方。

计数每个样方内的植物个体数。

计算种群密度和种群大小。

4.1.3.3　调查方法与步骤

步骤一： 样方设置。确定样方的大小（例如，1 m² 或 0.5 m²）。在研究区域内随机或系统地设置样方。确保样方的分布能够代表整个区域。

步骤二： 数据收集。在每个样方内计数所有植物个体。记录每个样方的位置和植物种类。

步骤三： 数据计算。计算每个样方的种群密度（个体数 / 样方面积）。计算所有样方的平均种群密度。估算整个研究区域的种群大小（平均种群密度 × 研究区域面积）。

4.1.3.4　数据计算与结果分析

使用统计软件进行数据分析，如计算平均值、标准差和置信区间。

分析种群密度的空间分布模式，如聚集分布、随机分布或均匀分布。

讨论影响种群大小的因素，如土壤条件、光照、水分和竞争。

如果有多个时间点的数据，可以分析种群随时间的变化趋势。

评估样方大小和数量对估计精度的影响。

思考题

（1）样方法的局限性是什么？在什么情况下使用样方法可能不准确？

（2）如何确定样方的大小和数量以获得可靠的种群大小估计？

（3）种群密度的空间分布模式对种群动态和生态系统功能有何影响？

4.1.4 标记重捕法估计种群数量大小

标记重捕法，也称为 Lincoln 指数法，是一种估计动物种群数量的统计方法。它基于一个简单的假设：标记动物在第二次捕获样本中的比例与所有标记动物在整个种群中的比例相同。这种方法适用于活动能力强、活动范围较大的动物种群，并且假设在实验期间种群是封闭的，即没有出生和死亡，以及标记不会影响个体的正常活动和被捕获的概率。该方法由 Lincoln 在 1930 年提出，广泛应用于生态学研究中，以估计不同动物种群的规模。

4.1.4.1 实践目的

通过 Lincoln 指数法估计种群数量，掌握标记重捕技术。

理解 Lincoln 指数法在统计种群数量中的作用。

学习如何进行数据收集和分析以预测种群动态。

培养解决实际生态学问题的能力。

4.1.4.2 实践内容

选择一个有明显界限的区域进行动物种群的标记和重捕。

应用 Lincoln 指数法公式计算种群大小。

分析种群数量的估计结果及其生态学意义。

讨论影响种群估计准确性的因素。

4.1.4.3 调查方法与步骤

步骤一：在被调查种群的生存环境中，捕获一部分个体，并将这些个体进行标记后再放回原来的环境。确保标记不会对个体造成伤害，并且容易被再次识别。

步骤二： 经过一段时间后进行重捕，记录捕获的总个体数和其中被标记的个体数。时间间隔应根据物种的移动能力和生态习性确定。

步骤三： 使用公式 $p/a=n/r$ 计算种群大小，其中 p 是第一次捕获并标记的个体数，a 是第二次捕获的个体总数，n 是第二次捕获中标记的个体数，r 是种群总数的估计值。

4.1.4.4 数据计算与结果分析

使用收集的数据，通过上述公式计算种群大小的估计值。

分析种群数量的季节性变化和环境因素的关系。

讨论标记重捕法的局限性和可能的误差来源，如标记丢失、标记个体的死亡率或迁移率的变化等。

如果有多个时间点的数据，可以分析种群随时间的变化趋势，并使用统计软件进行趋势分析。

思考题

（1）Lincoln 指数法的假设条件是什么？在实际应用中如何确保这些假设条件的满足？

（2）如果标记方法影响了个体的正常活动或标记保留时间不够长，这将如何影响种群大小的估计？

（3）在实际调查中，如何确定合适的标记和重捕时间间隔以获得准确的种群估计？

（4）Lincoln 指数法在面对不同动物行为特征和生境异质性时，其适用性如何变化？

（5）除了标记重捕法，还有哪些方法可以用来估计动物种群数量，它们的优势和局限性分别是什么？

4.2 种群结构调查与动态分析

种群结构是指种群内不同年龄、性别、大小等个体组成的比例关系，种群动态是指种群数量随时间的变化过程。研究种群结构与动态，可以帮助我们了解种群的生长发育规律、繁殖状况、生存状况等信息，为种群管理和保护提供科学依据。

4.2.1 种群的年龄结构调查和生命表的编制

种群的年龄结构调查涉及确定一个种群中不同年龄组的个体数量和比例，这可以揭示种群的繁殖潜力和生存模式。生命表的编制则是一种统计方法，它详细记录了种群中个体从出生到死亡的存活和死亡情况，是预测种群未来趋势的重要工具。通过分析年龄结构和生命表，生态学家可以评估种群的健康状况，预测其对环境变化的响应。

4.2.1.1 实践目的

学习如何调查和分析种群的年龄结构。
掌握编制生命表的方法。
理解年龄结构和生命表对种群动态预测的重要性。
培养数据分析和解释能力。

4.2.1.2 实践内容

确定研究种群和调查区域。
设计调查方案，包括样本大小和调查频率。
收集不同年龄组的个体数据。
编制生命表并分析种群动态。

4.2.1.3 调查方法与步骤

（1）年龄结构调查
步骤一： 在调查区域内随机或系统地捕获个体，确保样本的代表性。
步骤二： 根据个体的生长发育特征确定其年龄，这可能包括体型、体重、鳞片、年轮或其他生物学特征。
步骤三： 记录每个年龄组的个体数量，并计算每个年龄组的个体数占总种群数的比例。

（2）生命表编制
步骤一： 收集关于出生率、死亡率和存活率的数据。
步骤二： 构建生命表，展示不同年龄组的存活率和繁殖率。在第二章第6节（2.6）的二维码中呈现了基础的生命表样表，以便于同学们对照使用，可根据要统计内容进行调整。
步骤三： 分析生命表，计算种群增长率（λ）和内禀增长率（r）。

4.2.1.4 数据计算与结果分析

使用生命表数据计算每个年龄组的存活率（S_x）、死亡率（q_x）和繁殖率（m_x）。

计算种群增长率（λ）和内禀增长率（r），使用公式：

$$\lambda = \frac{\sum(S_x \times m_x)}{\sum S_x}$$

$$r = \ln\lambda$$

其中，S_x 为年龄组 x 的存活率，m_x 为年龄组 x 的繁殖率。

分析年龄结构的类型（如增长型、稳定型或下降型）及其生态学意义。

根据生命表预测种群的未来变化，如增长、稳定或衰退。

讨论数据的不确定性来源，如年龄估计的误差、样本偏差等。

思考题

（1）在年龄结构调查中，如何准确估计个体的年龄，特别是在没有明显生长环或鳞片的情况下？

（2）生命表中的哪些参数对种群动态的预测最为关键，为什么？

（3）如何利用生命表数据来制订有效的种群保护和管理策略？

（4）在不同环境压力下，年龄结构和生命表参数会如何变化，这对种群意味着什么？

4.2.2　种群生态位分析

生态位分析是生态学中一个重要的概念，它描述了一个种群或物种在生态系统中的功能性角色和地位。这包括种群利用资源的方式、空间分布、食物选择、活动时间等。生态位分析有助于我们理解种群如何适应环境，它们在生态系统中的作用，以及它们与其他生物之间的相互作用。通过这种分析，我们可以预测环境变化对种群的影响，以及种群变化对生态系统的潜在影响。

4.2.2.1　实践目的

了解种群的生态位特征及其在生态系统中的作用。

学习如何收集和分析生态位相关的数据。

掌握生态位分析的方法，评估种群的资源利用和环境适应性。

培养解决生态学问题和解释生态现象的能力。

4.2.2.2　实践内容

选择研究的种群和生态系统。

确定分析的生态位维度，如食物资源、栖息地选择、活动时间等。

收集种群的生态位数据，包括资源利用模式、季节性活动变化等。

分析种群的生态位宽度和重叠情况。

4.2.2.3 调查方法与步骤

（1）数据收集

步骤一：通过野外观察、样本采集或文献回顾等方式，收集种群的生态位相关数据。

步骤二：记录种群的食物种类、栖息地使用情况、活动时间和其他生态习性。

（2）生态位宽度计算

步骤一：使用 Levins 生态位指数等方法计算种群的生态位宽度，反映种群利用资源的种类和范围。

步骤二：使用生态位重叠指数，如 Pianka 的重叠指数，评估不同种群间的生态位重叠程度。

（3）生态位分析

步骤一：利用主成分分析（PCA）或非度量多维尺度分析（NMDS）等方法，对种群的生态位特征进行可视化。

步骤二：分析种群的生态位策略，如利基策略或泛化策略。

4.2.2.4 数据计算与结果分析

使用统计软件进行数据分析，如计算生态位宽度、重叠指数和进行 PCA 或 NMDS 分析。

根据分析结果，评估种群的资源利用模式和生态位策略。

讨论种群的生态位特征如何影响其在生态系统中的分布和丰度。

比较不同种群间的生态位差异，分析它们在生态系统中的相互作用和潜在的竞争或共存关系。

结合实际数据，分析种群生态位的变化对生态系统服务功能的影响。

思考题

（1）种群的生态位宽度如何反映其对环境变化的适应能力？

（2）生态位重叠的存在对种群间的竞争和共存关系有何影响？

（3）如何通过生态位分析预测种群对环境变化的响应？

（4）在生态系统管理中，如何利用生态位分析来指导物种保护和资源管理？

（5）考虑到人类活动对生态系统的影响，如何评估和管理种群生态位的变化以维护生态平衡？

4.2.3 植物种群密度效应验证

植物种群密度效应是指在一定空间内，植物个体之间的相互作用随着种群密度的增加而发生变化的现象。这种效应可能影响植物的生长、繁殖和存活，进而影响整个种群的动态和生态系统的功能。密度效应通常与种内竞争有关，如对光照、水分和营养的竞争，也可能与植物间的互利作用有关。验证植物种群密度效应的存在有助于我们理解植物群落的结构和功能，以及植物对环境变化的响应。

4.2.3.1 实践目的

验证植物种群中是否存在密度效应。
了解密度效应对植物种群生长、分布和存活的影响。
掌握评估密度效应的调查方法和数据分析技术。
培养科学思维和解决生态学问题的能力。

4.2.3.2 实践内容

选择特定的植物种群和研究区域。
确定调查方法，包括样方设置和数据收集方法。
收集种群密度相关数据，并进行分析。
验证密度效应的存在，并分析其对种群的影响。

4.2.3.3 调查方法与步骤

（1）样方设置

步骤一：在研究区域内随机或系统地设置样方，样方的大小根据不同的植物群落类型决定（例如，乔木样方面积为 20 m×20 m；灌木面积为 5 m×5 m；草本面积为 1 m×1 m）。

步骤二：对样方内所有植物个体进行计数，并记录物种名称、胸径、树高、坐标等信息。

（2）数据收集

步骤一：在样方内调查选定物种的数量并记录。
步骤二：在多个样方内调查选定物种出现的情况并记录。
步骤三：数据分析：计算样地内某物种的密度（D）和频度（F），使用公式：

$$D=N_1/S$$

$$F=n_1/N_2\times 100\%$$

其中，N_1 为样地内某物种个体数，S 为样地面积，n_1 为某物种出现的样方数，N_2 为样地总数。

4.2.3.4 数据计算与结果分析

使用统计软件进行数据分析，计算密度指数和频度指数。

分析种群密度的空间分布模式，如聚集分布、随机分布或均匀分布。

讨论密度效应对植物种群生长、分布和存活的影响。

根据数据分析结果，验证密度效应的存在，并探讨其生态学意义。

利用回归分析或相关性分析评估密度效应对种群动态的影响力度。

思考题

（1）密度效应如何影响植物种群的分布和存活？

（2）在不同环境条件下，密度效应对植物种群的影响是否有所变化？

（3）在实际的生态修复或植被管理中，如何应用对密度效应的理解来指导实践？

第五章

群落生态学野外实践

5.1 群落物种数量特征调查与多样性分析

群落物种数量特征是群落的重要特征之一，主要包括物种丰富度、物种均匀度和物种多样性等。这些特征可以帮助我们了解群落的物种多样性、结构特征和动态变化，为群落管理和保护提供科学依据。

5.1.1 物种丰富度与物种均匀度调查

物种丰富度（Species Richness）是指在一定时间内对某一区域或群落中物种数目的统计，它直接反映了生物多样性的一个方面。物种均匀度（Species Evenness）则是指群落中各物种的相对丰度或多度的分布均匀程度。物种均匀度高，意味着各物种个体数量相对接近，而物种均匀度低则意味着某些物种的个体数量远多于其他物种。这两个指标共同反映了群落的多样性和结构。

5.1.1.1 实践目的

了解物种丰富度和物种均匀度的概念及其生态学意义。
学习如何进行物种丰富度和物种均匀度的调查。
掌握评估生物多样性的方法。
分析不同环境条件下的物种多样性。

5.1.1.2 实践内容

选择调查区域，确定调查范围和样方设置。
进行野外调查，记录区域内所有物种及其个体数量。
计算物种丰富度和物种均匀度指数。
分析影响物种丰富度和物种均匀度的环境因素。

5.1.1.3 调查方法与步骤

步骤一：样方设置。在调查区域内随机或系统地设置样方，样方的大小和数量根据研究目的和区域特征确定。
步骤二：数据收集。在每个样方内识别并计数所有物种的个体数。记录每个物种的名称、个体数量以及其他相关的生态信息。

步骤三：物种丰富度计算。使用如下公式：

$$S = \sum_{i=1}^{n} S_i$$

计算物种总数 S，其中，S_i 为第 i 个样方内的物种数。

步骤四：物种均匀度计算。使用均匀度指数 E 计算公式，如 Pielou 均匀度指数：

$$E = \frac{1}{\sum_{i=1}^{n}\left(\frac{N_i}{N}\right)^2}$$

其中，N_i 为第 i 个物种的个体数，N 为所有样方内个体数的总和。

5.1.1.4 数据计算与结果分析

计算每个样方的物种丰富度和物种均匀度指数，并进行比较分析。

使用统计软件进行数据分析，比较不同样方或不同环境条件下的物种丰富度和物种均匀度。

分析物种丰富度和物种均匀度与环境因子（如土壤、光照、水分等）的关系。

讨论结果的生态学意义，如生物多样性对生态系统功能的影响。

如果可能，将调查结果与历史数据或邻近地区的数据进行比较，以评估生物多样性的变化趋势。

思考题

（1）物种丰富度和物种均匀度在生态学研究中的意义是什么？

（2）如何解释在不同环境条件下观察到的物种丰富度和物种均匀度的变化？

（3）人类活动如何影响一个区域的物种丰富度和物种均匀度？

（4）在保护生物多样性的背景下，我们可以采取哪些措施来提高物种丰富度和物种均匀度？

5.1.2 植物群落物种多样性的调查与测定

植物群落物种多样性的调查与测定是生态学研究中的一个基本环节。物种多样性包括两个主要的组成部分：α 多样性（α-diversity），涉及一个特定区域内的物种丰富度和物种均匀度；β 多样性（β-diversity），描述不同区域或群落之间的物种组成差异。测定物种多样性有助于评估生态系统的健康状况、生物多样性水平以及生态系统对干扰的抵抗力和恢复力。

5.1.2.1 实践目的

掌握植物群落物种多样性的调查方法和测定技术。
了解不同环境因素对植物群落物种多样性的影响。
分析和评估研究区域的生物多样性水平。
培养生态学数据收集、处理和分析的能力。

5.1.2.2 实践内容

选定调查区域，确定样方的大小和数量。
在野外进行样方调查，记录每个样方内的植物种类和个体数量。
计算物种多样性指数，包括物种丰富度、物种均匀度和多样性指数。
分析物种多样性与环境因子之间的关系。

5.1.2.3 调查方法与步骤

步骤一： 样方设置。根据研究目的和区域特征，确定样方的大小（如 1 m × 1 m、5 m × 5 m 等）和数量。在调查区域内随机或系统地设置样方，确保样方的代表性和随机性。

步骤二： 数据收集。在每个样方内识别并计数所有植物物种的个体数，记录物种名称、生长状况等信息。
对于难以直接计数的物种，可以采用线截法或点框法进行估计。

步骤三： 物种多样性计算。
计算物种丰富度。记录每个样方内的物种总数。
计算物种均匀度。使用 Pielou 均匀度指数。
计算多样性指数。使用 Shannon-Wiener 多样性指数或 Simpson 多样性指数。

5.1.2.4 数据计算与结果分析

使用以下公式计算 Pielou 均匀度指数（J'）：

$$J' = \frac{H'}{\ln S}$$

其中，H' 为 Shannon-Wiener 多样性指数，S 为物种总数。
使用以下公式计算 Shannon-Wiener 多样性指数（H'）：

$$H' = -\sum_{i=1}^{s} p_i \ln p_i$$

其中，s 为物种总数，p_i 为第 i 个物种的个体数占总个体数的比例。
使用以下公式计算 Simpson 多样性指数（D）：

$$D = 1 - \sum_{i=1}^{s} p_i^2$$

其中，p_i 为第 i 个物种的个体数占总个体数的比例。

分析物种多样性指数与环境因子（如土壤、光照、水分、人类活动等）的关系。

讨论结果的生态学意义，如物种多样性对生态系统功能的影响。

如果有多年数据，分析物种多样性的时间趋势，评估生态系统的动态变化。

思考题

（1）如何通过提高物种多样性来增强生态系统的恢复力和抵抗力？

（2）在不同生态系统中（如森林、草地、湿地），物种多样性的作用是否相同？为什么？

（3）物种多样性与生态系统服务功能之间有何关系？如何平衡保护物种多样性和提供生态系统服务功能的需求？

（4）面对气候变化和人类活动的影响，我们应如何保护和恢复物种多样性？

5.1.3 植物种—面积曲线的编绘

植物种—面积曲线是生态学中用来描述特定区域内植物物种数量与面积大小关系的图形。这条曲线通常随着面积的增加而上升，但增长速率逐渐减缓，直至趋于平缓。种—面积曲线（见图2-2）不仅可以用来估算一个区域内的物种总数，还可以用来评估生物多样性和生态系统的完整性。种—面积曲线的形状和斜率可以反映群落的多样性和物种分布的均匀度。

5.1.3.1 实践目的

学习如何编绘植物种—面积曲线。

掌握评估生物多样性和生态系统完整性的方法。

分析不同生态系统中物种分布的规律。

培养数据收集、处理和图形表示的能力。

5.1.3.2 实践内容

选择研究区域，确定调查方法和样方大小。

在野外设置不同面积的样方，记录每个样方内的植物种类和数量。

编绘植物种—面积曲线，分析曲线特征。

讨论曲线特征对生物多样性保护和生态系统管理的意义。

5.1.3.3 调查方法与步骤

步骤一：样方设置。在调查区域内设置不同面积的样方，样方的大小可以是 $1\ m^2$、$4\ m^2$、$9\ m^2$ 等，以确保能够覆盖不同的物种丰富度。样方可以随机或系统地设置，以确保代表性和随机性。

步骤二：数据收集。在每个样方内识别并计数所有植物物种的个体数，记录物种名称、生长状况等信息。对于难以直接计数的物种，可以采用线截法或点框法进行估计。

步骤三：植物种—面积曲线编绘。将每个样方的面积和相应的物种数量数据进行汇总。在坐标图上，以样方面积为横轴，植物物种数量为纵轴，绘制植物种—面积曲线。

5.1.3.4 数据计算与结果分析

计算每个样方的植物物种数量，并将其与样方面积关联起来。

使用图形软件或手动方法绘制植物种—面积曲线。

分析曲线的斜率和形状，评估生物多样性和生态系统的完整性。

讨论曲线的渐近线，即曲线趋于平缓的区域，这可以反映区域内的物种总数。

比较不同生态系统或不同管理措施下的植物种—面积曲线，评估生物多样性的变化。

思考题

（1）植物种—面积曲线的斜率和形状能告诉我们哪些关于生态系统的信息？
（2）如何利用种—面积曲线来评估生物多样性保护的效果？
（3）在实际的生态保护和恢复工作中，种—面积曲线可以如何应用？
（4）种—面积曲线对于指导生态系统管理有哪些潜在的价值？

5.2 群落结构及其时空分布格局调查

群落结构及其时空分布格局是群落生态学中的核心概念，它们描述了群落中物种的空间排列和相互作用关系，以及群落的空间分布特征。研究群落结构及其时空分布格局对于了解群落的形成机制和生态功能具有重要意义。

5.2.1 植物群落结构调查

植物群落结构调查涉及对植物群落的物种组成、垂直和水平分布、层次结构以及群落的动态变化等方面的研究。

群落的垂直结构是环境分化导致不同需求的物种在群落中占据不同高度，形成垂直成层现象。植物群落的垂直分层首先取决于生活型，不同生活型的植物占据不同高度的地上空间和土壤层次，形成地上和地下的分层。地上分层受光照、温度和湿度影响，地下分层受土壤物理和化学性质影响，尤其是水分和养分。群落层次结构的复杂性与环境丰富度相关。

发育良好的森林群落可划分为乔木层、灌木层、草木层和地被层4个基本层次，各层中可再按同化器官高度划分亚层。乔木层是主要生产层次，直接影响下层，创造群落环境。其他层次由不同种类植物组成，具有特殊生态要求和生境特点。层次越低，耐阴性越强，底层光照微弱，只能生长阴生植物。藤本植物、寄生植物和附生植物依附于直立植物体上，称为层间植物。地下成层现象与地上部分相应，草本植物根系分布在最浅层，灌木和乔木根系分布则更深。草原群落的根系分布比地上分层更复杂，影响群落变化发展方向。

群落的水平格局与群落成员分布状况有关，主要取决于植物分布格局。群落中植物分布不均匀，形成小型组合或小群落，每个小群落具有不同的种类成分和生活型组成，形成不同的斑块。多个斑块现象称为镶嵌性现象，是群落水平分化的一部分。

群落的时间格局指群落外貌和物种组成在时间尺度上的动态变化。植物群落结构的时间分化主要表现在季节和昼夜变化。例如，温带草原群落冬季枯黄，春季嫩绿，夏季绿色度加深，秋季开花植物结实。群落主要层的季节性外貌特征称为季相，季相变化的重要标志是主要层的物候变化。群落中物候更替引起的结构变化称为时间上的成层现象，这种时间上的成层是群落结构的一部分，对生境的利用起到互相补充的作用。

群落结构的调查包括物种的多样性、种间关系、竞争优势、分布模式以及群落的演替状态等。有助于理解生态系统的复杂性、稳定性以及对环境变化的适应能力。

5.2.1.1 实践目的

掌握植物群落结构调查的基本方法和技术。
分析植物群落的物种组成、多样性和分布特征。
评估植物群落的稳定性和演替趋势。
培养生态数据收集、分析和解释的能力。

5.2.1.2 实践内容

确定调查区域和调查方法。

设置样方，记录样方内的植物种类、数量、生长状况和空间分布。

描述植物群落的垂直结构和水平结构。

分析群落结构与环境因子的关系。

5.2.1.3 调查方法与步骤

步骤一：选择样地。可以根据各地的实际情况，选择不同环境、不同森林类型进行调查。在其中一些群落中，最好有一定的环境梯度变化及群落组成变化，以便分析群落的水平结构。可利用样方法（或样线法）进行群落调查。森林群落每个样方面积建议为 20 m × 20 m。

步骤二：记录各样地的环境特征。包括地理位置、海拔、地貌、坡向坡度、光照强度、温度、空气湿度，以及人为干扰情况等，并采集土样带回实验室分析。

步骤三：记录植物群落结构特征。记录森林覆盖率（%）、冠幅面积（长 × 宽），分别按乔木（20 m × 20 m）、灌木（5 m × 5 m）、草本（1 m × 1 m）的样方标准选择样方大小（或样线区段长短），记录各样方（或样线区段）中乔木、灌木、草本植物、藤本植物的种类组成特征（包括种类、个体数、高度、盖度、生活型、物候期等）。

步骤四：数据分析。将同一群落不同样方（或样线区段）的调查结果汇总整理，计入第二章第 6 节（2.6）二维码中的各表，进行群落垂直结构分析，提交报告。

5.2.1.4 数据计算与结果分析

使用统计软件进行数据分析，如计算物种丰富度、多样性指数、均匀度指数等。

分析植物群落的垂直结构和水平结构，以及它们与环境因子的关系。

讨论植物群落结构的稳定性和演替趋势，以及它们对环境变化的潜在响应。

如果有多年数据，分析植物群落结构随时间的变化，评估它们的长期演替趋势。

结合实地观察和文献资料，分析群落结构特征与生态系统功能和服务的关系。

思考题

（1）植物群落结构的调查结果如何帮助我们理解生态系统的功能和稳定性？

（2）不同的环境条件如何影响植物群落的结构和演替？

（3）在生态系统管理和保护中，如何应用植物群落结构的调查结果？

（4）植物群落结构的变化对生物多样性保护和生态系统服务功能有何启示？

（5）如何通过植物群落结构的调查来评估生态系统对干扰（如火灾、砍伐等）的恢复能力？

5.2.2 叶面积指数测定

叶面积指数（Leaf Area Index, LAI）是生态学和农学中一个重要的参数，它定义为某个区域单位地面面积上方的总叶面积。LAI反映了植物群落对光能的吸收能力和潜在的光合作用速率，对于评估植物群落的生产力、水分利用和微气候调节功能至关重要。LAI的不同，直接影响植物群落的生物量分配、生态系统的能量流动和物质循环。

5.2.2.1 实践目的

学习LAI的测定方法。
了解LAI与植物群落生产力之间的关系。
掌握使用不同工具和方法进行LAI测定的技术。
分析环境因子对植物LAI的影响。

5.2.2.2 实践内容

选择合适的调查区域和样方。
采用不同的方法测定叶面积指数。
分析测定结果与植物群落结构和环境因子的关系。

5.2.2.3 调查方法与步骤

步骤一： 样方设置。在调查区域内随机或系统地设置样方，样方的大小根据研究目的和植物群落的特征确定。

步骤二： 数据收集。叶面积指数测定方法有以下3种。
直接测量法，通过测量和累加样方内所有植物叶片的面积来计算LAI。
利用摄影或扫描技术，将叶片图像数字化后计算LAI。
使用LAI测量仪器（如LAI-2200植物冠层分析仪）直接测定。

步骤三： 叶面积指数计算。使用以下公式计算LAI：

$$LAI = 总叶面积 / 样方地面面积$$

5.2.2.4 数据计算与结果分析

计算每个样方的LAI，并进行比较分析。
使用统计软件进行数据分析，比较不同样方或不同环境条件下的LAI。
分析LAI与植物群落生产力、光合作用速率和水分利用效率的关系。
讨论结果的生态学意义，如LAI对生态系统功能的影响。
结合实地数据，评估不同植物群落或不同管理措施下的LAI变化，为生态系统管理和植物生产提供依据。

思考题

（1）叶面积指数在生态系统研究中的意义是什么？

（2）不同类型的植物群落（如森林、草地、灌木丛）的叶面积指数有何差异，这些差异反映了哪些生态学特性？

（3）环境因子（如光照、温度、水分）如何影响叶面积指数？

（4）叶面积指数的变化如何反映植物对环境变化（如干旱、CO_2浓度升高）的响应？

5.2.3　植物群落生活型谱调查与分析

植物生活型是植物对环境适应的形态表现，反映不同物种的趋同适应。同生活型的植物具有相似的体态和外貌，是特定生物气候条件下的产物。植物生活型的划分依据包括形态、大小、分枝等特征，以及生命周期的长短。植物群落中生活型的组成，是群落对外界环境最综合的反映指标。

Raunkiaer 的生活型系统是目前常用的分类方法，它根据植物营养体型对气候的适应，以休眠芽或复苏芽的位置和保护方式为划分依据，将植物分为 5 个大类群，并进一步细分为 30 个小类群。

具体分类如下：

高位芽植物（Phanerophyte）：芽位于离地面较高的枝条上，如乔木和灌木，分为大型（30 m 以上）、中型（8～30 m）、小型（2～8 m）和矮小型（0.25～2 m）。

地上芽植物（Chamaephyte）：芽位于地表或接近地表，受土表残落物保护，多为半灌木或草本植物。

地面芽植物（Hemicryptophyte）：地上部分在不利季节死亡，地下部分存活，分为莲座式、半莲座式、非莲座式，包括多年生草本和蕨类植物。

地下芽植物（Geophyte）：更新芽隐藏在土表以下或水中，包括鳞茎类、块茎类和根茎类多年生草本植物或水生植物。

一年生植物（Therophyte）：以种子形式度过不良季节。

将某一地区或群落内各类生活型的数量对比关系称之为生活型谱。

某一生活型的百分率 = 该地区属于该生活型的物种数 / 该地区全部物种数 × 100%

通过不同地区植物生活型谱的比较，可以说明各个地区的生物气候特点及植物的适应途径。在同一个生物气候区内，通过不同群落生活型谱的比较，可以揭示群落之间的差异及生境的差别。

一般来讲，凡高位芽占优势的群落所在地区的气候在植物生长季节中温热多湿；地面芽占优势的群落所在地区具有较长的严寒季节；地下芽占优势的群落环境比较冷湿。

5.2.3.1 实践目的

了解植物群落生活型的概念和分类。

学习植物群落生活型谱的调查和分析方法。

掌握如何通过生活型谱分析来评估植物群落的结构和功能。

分析不同环境条件下植物群落生活型组成的差异。

5.2.3.2 实践内容

选择调查区域并设置样方。

识别并记录样方内各种植物的生活型。

计算各生活型在群落中的相对丰度和覆盖度。

分析生活型组成与环境因子的关系。

5.2.3.3 调查方法与步骤

步骤一：样方设置。在调查区域内随机或系统地设置样方，样方的大小根据研究目的和植物群落的特征确定。

步骤二：数据收集。在每个样方内识别植物种类，并根据其生长形态和结构将其归类为不同的生活型。记录每个生活型植物的数量、覆盖度和生物量。

步骤三：生活型谱分析。计算每个生活型在群落中的相对丰度和覆盖度。绘制生活型谱，展示不同生活型的分布和比例。

5.2.3.4 数据计算与结果分析

使用相对丰度和覆盖度数据计算各生活型在群落中的比重。

分析生活型组成与环境因子（如光照、水分、土壤条件）的关系。

讨论生活型谱的特征，如优势生活型、稀有生活型以及它们对环境变化的适应性。

如果有多年数据，分析生活型组成随时间的变化，评估群落演替趋势。

利用统计方法（如主成分分析、聚类分析）来识别生活型组成的模式和潜在的生态过程。

思考题

（1）植物群落生活型组成的变化反映了哪些生态学信息？

（2）环境因子如何影响植物群落的生活型组成？

（3）生活型谱分析对于预测植物群落对气候变化的响应有何价值？

（4）不同生态系统（如热带雨林、草原、沙漠）的生活型谱有何特点，这些特点说明了什么问题？

5.2.4 植物群落的排序与分类

植物群落的排序与分类是生态学研究中用于揭示不同群落之间的相似性或差异性，以及它们与环境因子之间关系的方法。排序［如主成分分析（PCA）、对应分析（CA）］是指根据群落成员的相似性将它们排列成序，而分类则是将群落分成不同的类型或组。这些方法依赖于物种组成、丰度、多样性指数等数据，并通过统计分析来实现。排序与分类有助于理解群落的结构、动态变化以及对环境变化的响应。

5.2.4.1 实践目的

学习植物群落排序与分类的基本方法。
掌握使用统计软件进行群落数据分析的技能。
理解群落排序与分类在生态学研究中的应用。
分析群落结构与环境因子之间的关系。

5.2.4.2 实践内容

收集不同植物群落的物种组成和丰度数据。
使用排序方法（如主成分分析、聚类分析等）对群落进行排序。
根据排序结果进行群落分类。
分析群落类型与环境因子的关系。

5.2.4.3 调查方法与步骤

步骤一：数据收集。在不同群落中设置样方，记录样方内的植物种类、数量和覆盖度。收集每个样方的土壤、光照、水分等环境因子数据。

步骤二：数据预处理。将数据标准化，确保不同样方和物种之间的可比性。计算每个样方的物种多样性指数。

步骤三：排序分析。使用统计软件进行排序分析，常用的方法包括主成分分析（PCA）、对应分析（CA）等。根据排序结果，将群落按照相似性排列。

步骤四：分类分析。使用聚类分析方法（如 Ward's 方法、K-means 聚类等）对群落进行分类。确定最优的群落分类数目。

5.2.4.4 数据计算与结果分析

计算排序分析中各轴的解释度，确定它们对群落变异的贡献。
识别排序图中的群落分布模式和群落之间的距离，解释群落间的差异。
分析不同群落类型与环境因子的关系，使用典型对应分析（CCA）等方法。
讨论群落排序与分类结果的生态学意义，如群落对特定环境压力的适应性。

如果有多年数据，分析群落排序与分类随时间的变化，评估群落的长期演替趋势。

思考题

（1）植物群落排序与分类对于理解生物多样性有哪些重要意义？
（2）在进行植物群落排序与分类时，可能遇到哪些挑战，如何应对这些挑战？
（3）群落排序与分类结果如何帮助我们进行生态系统管理和保护？
（4）群落排序与分类方法在气候变化研究中的应用是什么？

5.2.5 林木竞争指数计算

林木竞争指数是生态学中用来定量描述树木之间竞争关系的一个指标。它反映了因为林木间对光照、水分和营养等资源的竞争而产生的生长差异。林木竞争指数的计算通常基于树木的胸径、高度、冠幅和它们之间的距离等因素。通过计算林木竞争指数，可以评估林木的生长状况和林分的经营管理措施，如疏伐和补植等。

5.2.5.1 实践目的

学习林木竞争指数的计算方法。
掌握如何使用统计软件进行林木竞争指数的分析。
分析林木竞争指数与林木生长状况的关系。
评估不同森林类型的林木竞争状况和管理措施的效果。

5.2.5.2 实践内容

选择研究区域并设置样方。
收集样方内林木的胸径、高度、冠幅和位置数据。
计算林木竞争指数，包括 Hegyi 竞争指数和其他相关指数。
分析林木竞争指数与林木生长和林分结构的关系。

5.2.5.3 调查方法与步骤

步骤一：样方设置。在研究区域内设置标准样方，样方的大小根据研究目的和林木特征确定。

步骤二：数据收集。在每个样方内测量所有林木的胸径、高度和冠幅，并记录它们的空间位置。

对于每棵林木，确定其竞争林木（与该林木竞争资源的邻近林木）。

步骤三：竞争指数计算。使用加权 Voronoi 图的方法确定竞争单元，并计算每棵树木的竞争指数。标准地内所有对象林木竞争指数之和为：

$$CI = \sum_{i=1}^{N} CI_i$$

其中，CI 为林木竞争指数，N 为样方内林木总株数，CI_i 为第 i 棵树木的点竞争指数。

进行边缘矫正，以消除边缘效应，确保计算的准确性。

5.2.5.4 数据计算与结果分析

计算每个样方的林木竞争指数，并进行比较分析。

分析竞争指数与林木胸径、生长状况和林分结构的关系。

使用结构方程模型（SEM）分析林木距离指标、林木树冠指标和林木相对大小指标之间的关系，评估它们对林木竞争的影响。

讨论结果的生态学意义，如林木竞争指数对林分管理和林业经营策略的指导作用。

如果有多年数据，分析林木竞争指数随时间的变化，评估林分竞争动态和经营措施的效果。

思考题

（1）如何利用林木竞争指数来指导林业经营和管理？

（2）不同森林类型的林木竞争指数有何差异，这些差异反映了什么问题？

（3）在实际的林业管理中，如何应用林木竞争指数来优化疏伐和补植策略？

5.3 群落演替与干扰调查

群落演替与干扰是群落生态学中的重要概念，它们描述了群落随时间的变化过程，以及影响群落动态变化的外界因素。研究群落演替与干扰对于了解群落的动态变化规律及其影响因素具有重要意义。

5.3.1 群落演替的类型调查

群落演替是指随着时间的推移，一个生物群落被另一个生物群落所替代的过程。这一过程通常由环境变化触发，如自然灾害、气候变化或人类活动等。群落演替的类型包括初生演替和次生演替。初生演替发生在没有生物覆盖的新地面上，而次生演替发生在已有生物群落因干扰而消失的地方。了解群落演替的类型有助于我们理解生态系统的发展过程和恢复力。

5.3.1.1 实践目的

识别和区分不同类型的群落演替。
了解群落演替的过程及其生态学意义。
学习如何调查和记录群落演替的证据。
分析环境因素对群落演替的影响。

5.3.1.2 实践内容

选择具有代表性的调查区域，包括不同演替阶段的群落。
收集不同区域的群落组成、结构和环境因子的数据。
记录群落中物种的更替模式和演替的速率。
分析群落演替的驱动因素。

5.3.1.3 调查方法与步骤

步骤一：样方设置。在调查区域内设置样方，样方的大小和数量根据研究目的和区域特征确定。

选择不同演替阶段的区域，如裸地、草本植物群落、灌木群落和森林群落等。

步骤二：数据收集。在每个样方内识别并记录所有植物物种的名称、数量、覆盖度和生长状况。

收集样方内的土壤、光照、水分等环境因子数据。
记录群落中物种的更替模式和演替的速率。

步骤三：群落演替类型分析。根据收集的数据，分析群落的演替类型（初生演替或次生演替）。识别群落演替的驱动因素，如环境变化、物种入侵等。

5.3.1.4 数据计算与结果分析

使用统计软件进行数据分析，比较不同演替阶段的群落特征。
分析群落演替的速率和模式，以及它们与环境因子的关系。
讨论群落演替的生态学意义，如生态系统的恢复力和生物多样性的变化。
如果有多年数据，分析群落演替的长期趋势和稳定性。
利用定性描述和定量分析相结合的方法，如使用物种多样性指数、物种均匀度指数和结构方程模型等，来评估群落演替的动态过程。

思考题

（1）初生演替和次生演替有哪些主要区别？
（2）环境因素如何影响群落演替的速率和方向？
（3）人类活动对群落演替有哪些潜在影响？
（4）在生态系统恢复和管理中，如何利用群落演替的知识来指导实践？

5.3.2 群落演替规律的调查

群落演替规律的调查旨在了解和记录生物群落随时间的自然变化过程。这一过程涉及物种的侵入、定居、竞争，以及环境条件的改变等因素。群落演替的规律可以帮助我们预测生态系统的未来状态，评估生态系统的恢复力和脆弱性。了解这些规律对于生态保护、自然保护区的管理以及退化生态系统的恢复具有重要意义。

5.3.2.1 实践目的

观察和记录群落演替的过程。
分析群落演替的规律及其影响因素。
评估不同环境条件下群落演替的特点。
提高对生态系统动态变化的理解和分析能力。

5.3.2.2 实践内容

选择具有代表性的调查区域，包括不同演替阶段的群落。
收集不同区域的群落组成、结构和环境因子数据。
记录群落中物种的更替模式和演替的速率。
分析群落演替的驱动因素。

5.3.2.3 调查方法与步骤

步骤一：样方设置。在调查区域内设置样方，样方的大小和数量根据研究目的和区域特征确定。
选择不同演替阶段的区域，如裸地、草本植物群落、灌木群落和森林群落等。
步骤二：数据收集。
在每个样方内识别并记录所有植物物种的名称、数量、覆盖度和生长状况。
收集样方内的土壤、光照、水分等环境因子数据。
记录群落中物种的更替模式和演替的速率。
步骤三：群落演替规律分析。根据收集的数据，分析群落的演替规律，如物种多样性的变化趋势、优势物种的更替等。

识别群落演替的驱动因素，如环境变化、物种入侵等。

5.3.2.4 数据计算与结果分析

使用统计软件进行数据分析，比较不同演替阶段的群落特征。

分析群落演替的速率和模式，以及它们与环境因子的关系。

讨论群落演替的生态学意义，如生态系统的恢复力和生物多样性的变化。

如果有多年数据，分析群落演替的长期趋势和稳定性。

利用定性描述和定量分析相结合的方法，如使用物种多样性指数、物种均匀度指数和结构方程模型等，来评估群落演替的动态过程。

分析数据时，可以考虑使用多元回归分析来探究不同环境因子对群落演替的影响程度。

思考题

（1）环境变化，如气候变化或土地利用变化，如何影响群落演替的规律？

（2）在人类活动频繁的区域，群落演替的特点和挑战是什么？

（3）如何利用群落演替的规律来指导生态系统的恢复和管理？

思考题

第六章

生态系统生态学野外实践

▶ 生态系统类型识别与分布

生态系统类型是指具有相似结构和功能的生态系统的总称。乌蒙山片区生态系统类型多样，主要包括森林生态系统、草原生态系统、河谷生态系统、湿地生态系统等。乌蒙山片区常见植物群落主要特征及图片见右侧二维码。

乌蒙山片区常见植物群落主要特征及图片

6.1 森林生态系统调查

森林生态系统是指以乔木为主体，由乔木、灌木、草本植物、动物、微生物等组成的生态系统。森林生态系统是乌蒙山片区最重要的生态系统类型，具有重要的水源涵养、水土保持、生物多样性保护等功能。

6.1.1 森林类型调查

森林类型调查是对森林生态系统进行分类和特征描述的过程。包括对森林的物理结构、生物组成、生态过程以及它们与环境因子之间相互作用的详细记录。乌蒙山片区的森林类型丰富，包括高山草甸、山地草地等，这些森林类型反映了该区域独特的自然地理和气候条件。云南乌蒙山国家级自然保护区位于云南东北部地台沉积带内，地层出露丰富，岩石种类繁多，地形地貌复杂多样，这些都为森林类型的多样性提供了基础。

6.1.1.1 实践目的

识别不同森林的类型。确定不同森林类型的具体特征，包括树种组成、林分结构等。

评估森林的生态服务功能，如碳储存、水源涵养、生物多样性保护等。

收集数据，为森林管理、保护和可持续利用提供基础数据和科学依据。

6.1.1.2 实践内容

森林类型的识别。根据树种组成、林分年龄、林分密度等特征，识别针叶林、阔叶林、混交林等不同森林类型。

森林分布的调查。记录不同森林类型在特定区域内的分布范围和面积。

森林结构的分析。分析森林的垂直结构（如乔木层、灌木层、草本层）和水平结构（如林分密度、树种分布）。

森林生态功能的评估。通过实地观察和样本采集，评估森林在生物多样性保护、水土保持、气候调节等方面的功能。

6.1.1.3 调查方法与步骤

步骤一：预调查。通过卫星图像、航空照片等遥感资料，初步确定调查区域和样地。

步骤二：野外调查。

样地选择。在不同森林类型中选择具有代表性的样地。

样地设置。在样地内设置标准面积的样方，如 10 m × 10 m 或 20 m × 20 m。

数据采集。记录样方内的树种、胸径、树高、冠幅、林下植被覆盖度等信息。

步骤三：数据整理与分析。

数据录入。将野外调查的数据录入数据库。

数据分析。使用统计软件进行数据分析，计算森林密度、生物量、树种多样性指数等。

结果评估。根据分析结果，评估不同森林类型的生态功能和保护价值。

6.1.1.4 数据计算与结果分析

假设在调查中，我们采集了以下数据：

样地面积：1 000 m²。

树木总数：150 棵。

平均胸径：20 cm。

平均树高：15 m。

森林密度计算：

$$\text{森林密度} = \frac{\text{树木总数}}{\text{样地面积}} = \frac{150}{1\,000} = 0.15 \text{ 棵树}/m^2$$

生物量估算：

假设每棵树的平均生物量为 0.1 m³，则总生物量为 150 × 0.1 = 15 m³。

结果分析：

该样地的森林密度较高，表明森林覆盖度较好。

总生物量较大，说明该森林具有较强的碳储存能力。

通过多样性指数计算，可以进一步分析森林的生物多样性水平。

思考题

（1）在进行森林类型调查时，为什么需要考虑森林的生态功能？
（2）如何通过森林类型调查来评估森林的保护价值？
（3）乌蒙山片区的森林类型对其生物多样性和生态系统服务功能有何影响？

6.1.2 森林结构调查

森林结构调查是指对森林的物理和生物特征进行系统的分析，以了解森林的垂直结构和水平结构、物种组成、生物量分布以及森林中不同物种之间的相互关系。这些信息对于评估森林的健康状况、生物多样性和生态系统服务功能至关重要。森林结构包括乔木层、灌木层、草本层，以及林下植被和枯落物层。森林结构的调查有助于揭示森林对环境变化的适应性和恢复力。

6.1.2.1 实践目的

识别和描述森林的结构特征。
分析森林物种组成和多样性。
评估森林生态系统的健康状况和稳定性。
了解不同生活型植物在森林群落中的分布和作用。

6.1.2.2 实践内容

选择具有代表性的森林区域进行调查。
收集森林结构、物种组成和生活型谱的数据。
分析森林结构与环境因子的关系。
评估森林的生物多样性和生态系统服务功能。

6.1.2.3 调查方法与步骤

步骤一：样地设置。在森林中设置固定大小的样地，如 10 m × 10 m 或 20 m × 20 m 的样方。确保样地能够覆盖不同的森林环境和林型。

步骤二：数据收集。
记录样地内所有乔木的树种、胸径、树高和冠幅。
描述灌木层和草本层的物种组成、覆盖度和高度。
测量林冠的闭合度和光照穿透情况。

步骤三：结构分析。
使用分层抽样方法记录不同层次的植物种类和数量。

分析乔木层、灌木层和草本层的空间分布和相互作用。

6.1.2.4 数据计算与结果分析

计算森林的密度、平均胸径、平均树高和林分密度指数。

使用统计软件进行数据分析，如计算物种多样性指数（如 Shannon-Wiener 多样性指数）和物种均匀度指数。

分析森林结构与环境因子（如土壤、光照、水分）的关系。

讨论森林结构对生物多样性和生态系统功能的影响。

如果有长期监测数据，分析森林结构随时间的变化趋势，评估森林的动态变化和潜在的生态过程。

思考题

（1）人类活动，如采伐和火灾，如何改变森林的结构和功能？

（2）在森林恢复和管理中，如何通过调整森林结构来提高其稳定性和恢复力？

（3）不同类型的森林（如热带雨林、温带森林、针叶林）在结构上有哪些显著差异，这些差异对森林生态系统有何意义？

6.1.3 树木蒸腾测定

树木蒸腾是指植物通过叶片的气孔释放水分到大气中的过程，是植物水分利用和碳吸收的重要机制之一。蒸腾作用不仅对植物自身的水分平衡和温度调节至关重要，而且对生态系统的水循环和能量平衡有显著影响。测定树木蒸腾有助于了解植物对环境变化的适应性，以及其在生态系统中的功能。

6.1.3.1 实践目的

了解树木蒸腾的基本原理和测定方法。

掌握树木蒸腾的实地测定技术。

分析环境因子对树木蒸腾的影响。

评估树木蒸腾在生态系统水循环中的作用。

6.1.3.2 实践内容

选择具有代表性的树木进行蒸腾测定。

收集树木蒸腾的相关数据，包括环境因子和植物生理参数。

分析树木蒸腾与环境因子之间的关系。

评估树木蒸腾对生态系统水循环的贡献。

6.1.3.3 调查方法与步骤

步骤一：样木选择。选择健康、成熟的树木作为测定对象。
确保样木能够代表研究区域的树木特征。

步骤二：数据收集。
使用蒸腾计或红外气体分析仪测量树木的蒸腾速率。
记录环境因子，如气温、湿度、风速、太阳辐射和土壤水分状况。
测量树木的生理参数，如气孔导度、叶片温度和叶绿素含量。

步骤三：蒸腾测定。
在一天中的不同时间进行测量，以捕捉日变化。
在不同天气条件下进行测量，以评估天气对树木蒸腾的影响。

6.1.3.4 数据计算与结果分析

计算树木的平均日蒸腾量和季节性变化。
使用相关性分析和回归分析分析树木蒸腾与环境因子之间的关系。
评估树木蒸腾对生态系统水循环的贡献，考虑树木蒸腾与降水和蒸发的关系。
如果有多年数据，分析树木蒸腾对气候变化的响应。
利用微气象学方法，如涡动相关技术，测定树木冠层的蒸腾速率，这种方法可以提供连续、实时的数据。

思考题

（1）树木蒸腾如何响应环境因子的变化，如温度、湿度和光照？
（2）气候变化对树木蒸腾的潜在影响是什么？
（3）不同树种或树龄的树木在蒸腾特性上有哪些差异，这些差异对生态系统有何意义？

6.1.4 森林生物量测定

森林生物量是指森林中所有活体生物（包括植被和动物）体内的有机物质总量，通常以干重（Oven-Dry Weight）来表示。植被生物量包括乔木、灌木、草本和苔藓等植物的干重，而动物生物量则涉及森林中所有动物的总体重。森林生物量是衡量生态系统生产力和碳储存能力的重要指标之一，对于评估森林资源、制订合理的森林经营策略和理解全球碳循环具有重要意义。

6.1.4.1 实践目的

掌握森林生物量的测定方法和技术。

了解不同森林类型及其不同生长阶段的生物量分布特征。

分析生物量与环境因子之间的关系。

评估森林生态系统的生产力和碳储存能力。

6.1.4.2 实践内容

选择具有代表性的森林区域进行生物量测定。

收集森林生物量的相关数据,包括乔木层、灌木层和草本层的生物量。

分析生物量在不同森林层次中的分布。

评估森林生物量对环境变化的响应。

6.1.4.3 调查方法与步骤

步骤一: 样地设置。在森林中设置固定大小的样地,如 10 m × 10 m 或 20 m × 20 m 的样方。确保样地能够覆盖不同的森林环境和林型。

步骤二: 数据收集。

测量并记录乔木层的树种、胸径、树高和冠幅,并计算每棵树的生物量。

收集灌木层和草本层的生物量样本,通过割取或挖掘的方式获取。

记录样地内的其他生物量,如枯枝落叶层和土壤中的根系生物量。

步骤三: 生物量测定。

使用标准的方法(如伐木法、收获法)测定乔木层生物量。

对灌木和草本层的样本进行干燥、称重和计算。

对于难以直接测量的生物量,如根系,可以使用相关公式或经验模型进行估算。

6.1.4.4 数据计算与结果分析

计算每个样地的总生物量和不同层次的生物量分布。

分析生物量与环境因子(如土壤、气候、林分结构)之间的关系。

评估森林生物量对环境变化的响应,如气候变化、森林经营活动等。

如果有多年数据,分析森林生物量随时间的变化趋势,评估森林生态系统的动态变化。

利用生物量转换因子将生物量的干重转换为碳储量,以评估森林的碳储存能力。

思考题

(1)森林生物量如何响应环境因子的变化,如温度、降水和土壤条件?

（2）不同森林类型（如热带雨林、温带森林、针叶林）的生物量特征有何差异？
（3）面对气候变化，如何通过森林经营活动来维持或提高森林的生物量和生产力？

6.2 草地生态系统调查

草地生态系统是指以草本植物为主体，由草本植物、动物、微生物等组成的生态系统。草地生态系统主要分布在乌蒙山片区的高山地区，具有重要的水土保持、防风固沙等功能。

6.2.1 草地类型调查

草地类型调查是指对草地的生物群落组成、结构和生态特征进行系统的分类和描述。乌蒙山片区的草地类型丰富，包括高山草甸、山地草地等，这些草地类型反映了该区域独特的自然地理和气候条件。高山草甸通常位于海拔较高的地区，具有独特的耐寒植物群落，而山地草地则分布在海拔较低的山区，植物种类更为丰富。了解这些草地类型的分布和特征对于保护生物多样性、合理利用草地资源和制订生态保护措施具有重要意义。

6.2.1.1 实践目的

识别和分类乌蒙山片区的不同草地类型。
了解各种草地类型的生态特征和生物多样性。
学习草地调查的野外工作方法和技术。
分析草地类型与环境因子之间的关系。

6.2.1.2 实践内容

选择具有代表性的草地区域进行调查。
收集草地类型、植物组成、覆盖度和生物量等数据。
分析草地类型与环境因子（如海拔、气候、土壤）之间的关系。
评估草地资源的利用状况和保护需求。

6.2.1.3 调查方法与步骤

步骤一：样地设置。在不同草地类型中设置样地，样地的大小和数量根据研究目的和草地特征确定。确保样地能够覆盖不同的草地环境和类型。

步骤二：数据收集。在每个样地内识别并记录所有植物物种的名称、数量、覆盖度和生长状况。

测量样地内的土壤、气候等环境因子。对草地的生物量进行采样和测定。

步骤三：草地类型分析。

根据收集的数据，分析草地的类型特征，如植物组成、覆盖度和生物量。

识别草地类型的主要环境因子和生态过程。

6.2.1.4　数据计算与结果分析

计算每个样地的植物物种丰富度、均匀度和多样性指数。

使用相关性分析和回归分析分析草地类型与环境因子之间的关系。

评估草地资源的利用状况和保护需求，考虑草地的生态价值和经济价值。

如果有多年数据，分析草地类型随时间的变化趋势，评估人类活动和气候变化对草地类型的影响。

利用 GIS 技术和遥感数据来辅助分析草地类型的空间分布和动态变化。

思考题

（1）不同草地类型（如高山草甸和山地草地）的生态特征和生物多样性有何差异？

（2）人类活动对乌蒙山片区草地类型的影响有哪些？

（3）面对气候变化，如何预测和应对草地类型的未来变化？

（4）在进行草地类型调查时，哪些因素可能会影响数据的准确性，如何减少这些因素影响？

6.2.2　草地植被结构调查

草地植被结构调查旨在深入探究草地中植物群落的组成、层次分布、物种多样性以及与环境因子的相互关系，对于理解草地生态系统的功能和制订科学的管理策略具有关键作用。

6.2.2.1　实践目的

分析乌蒙山片区草地植被的垂直结构和水平结构特征。

研究不同草地植被结构类型中的物种组成、多样性和生态位分化。

掌握草地植被结构调查的野外工作方法和技术，如样方设置、植物物种鉴定等。

探讨草地植被结构与环境因子（如土壤质地、水分含量、光照强度等）之间的关系。

评估草地植被结构的稳定性和生态服务功能，为草地资源的合理利用和保护提供建议。

6.2.2.2 实践内容

选择具有代表性的草地植被区域进行调查，包括不同植被类型和生态环境的草地。

收集草地植被的结构数据，如植被的高度、盖度、密度、层次划分等。

分析草地植被的垂直结构，确定不同层次的植物组成和生态功能。

研究草地植被的水平结构，观察植物群落的分布格局和种间关系。

结合环境因子的测量，探究其对草地植被结构形成和维持的影响。

评估草地植被结构的完整性和生态服务功能，如水土保持、碳汇功能等。

6.2.2.3 调查方法与步骤

步骤一：样地设置。在乌蒙山片区不同草地类型中选择具有代表性的样地，确保样地涵盖多样的植被结构和环境条件。根据草地植被的分布特点和研究目的，确定样地的大小和数量，一般设置多个样地以增加数据的可靠性。

步骤二：植被结构数据收集。

在每个样地内，采用以下方法收集草地植被结构数据：

使用测量工具（如尺子、测绳等）测量植物的高度、盖度和密度。

根据植物生长的层次，将植被分为草本层、灌木层和乔木层（如有），记录各层次的植物物种和生长状况。

采用样方法或样线法对植物进行调查，统计样方或样线内的植物种类和数量。

记录植物的生长型（如一年生、多年生）、生活型（如地上芽植物、地下芽植物）等特征，以了解植被结构的多样性。

步骤三：环境因子测量。

测量样地内的土壤理化性质，如土壤质地、酸碱度、有机质含量等。

记录样地的地形特征，包括坡度、坡向等，分析其对植被结构的影响。

测量样地的光照强度、温度、湿度等气候因子，了解其与植被结构的关系。

步骤四：草地植被结构分析。

分析草地植被的垂直结构特征，如各层次植物的种类组成、数量比例和生态功能。

研究草地植被的水平结构特征，包括植物群落的分布格局、种间竞争和共生关系。

探讨草地植被结构与环境因子之间的相互作用，分析环境因子对植被结构形成和维持的影响。

评估草地植被结构的稳定性和生态服务功能，如水土保持、土壤改良、生物多样性保护等。

6.2.2.4 数据计算与结果分析

计算草地植被的多样性指数，如 Shannon-Wiener 多样性指数、Simpson 指数等，以评估植被结构的复杂性和物种多样性。

分析草地植被结构与环境因子之间的相关性，采用统计方法（如相关性分析、主成分分析等）揭示其相互关系。

利用地理信息系统（GIS）和遥感技术，对草地植被结构进行空间分析，绘制植被结构分布图，展示其空间格局和变化趋势。

结合数据分析结果，评估草地植被结构的生态服务功能价值，提出草地资源的合理利用和保护建议，以实现草地生态系统的可持续发展。

思考题

（1）草地植被的垂直结构和水平结构如何影响物种多样性和生态系统功能？

（2）不同环境因子对草地植被结构的形成和变化有何影响？

（3）如何通过草地植被结构的调查和分析，为草地资源的合理利用和保护提供科学依据？

6.3 湿地生态系统调查

湿地生态系统是指以湿地为主体，由湿地植物、动物、微生物等组成的生态系统。湿地生态系统主要分布在乌蒙山片区的河流、湖泊等地区，具有重要的水源涵养、水质净化、生物多样性保护等功能。

6.3.1 湿地类型与分布调查

湿地类型与分布调查是对湿地生态系统进行分类和特征描述的重要过程。湿地包括沼泽、湖泊、河流等多种类型，具有丰富的生物多样性和重要的生态功能，如水源涵养、污染净化和生物栖息地提供等。通过调查湿地的类型和分布，可以评估其生态状况、资源利用和保护需求，为湿地的管理和恢复提供科学依据。乌蒙山片区的湿地类型多样，涵盖了高山湿地、草甸湿地和河流湿地等，这些湿地在维持区域生态平衡和生物多样性方面发挥着重要作用。

6.3.1.1 实践目的

分类和识别不同湿地类型的具体特征。

评估湿地的生态服务功能,如水源涵养、生物多样性保护等。

收集湿地资源的基础数据,为湿地的管理和保护提供科学依据。

6.3.1.2 实践内容

湿地类型的识别。根据湿地的水文特征、植被类型和土壤性质,识别不同湿地类型。

湿地分布的调查。记录不同湿地类型在特定区域内的分布范围和面积。

湿地生态功能的评估。通过实地观察和样本采集,评估湿地在生态系统中的作用。

6.3.1.3 调查方法与步骤

步骤一: 样地选择。

根据湿地类型的特征,选择具有代表性的调查区域。

使用遥感技术和地形图,初步确定湿地的分布范围。

步骤二: 数据收集。

在每个湿地类型中设置样方,记录样方内的植物种类、数量和覆盖度。

收集湿地的水文数据,如水位、流速和水质等。

记录湿地的土壤特征,包括土壤类型和土壤湿度。

步骤三: 湿地类型分析。

根据收集的数据,分析湿地的类型特征和分布模式。

识别湿地的主要环境因子和生态过程。

6.3.1.4 数据计算与结果分析

计算每个湿地类型的面积和覆盖度。

使用相关性分析和回归分析分析湿地类型与环境因子之间的关系。

讨论湿地类型的生态功能,如调节水文循环、提供栖息地等。

如果有多年数据,分析湿地类型随时间的变化趋势,评估人类活动和气候变化对其的影响。

利用 GIS 技术和遥感数据来辅助分析湿地类型的空间分布和动态变化,如使用无人机影像数据和机器学习技术估算湿地覆盖度。

思考题

(1)乌蒙山片区湿地的主要类型有哪些?它们在维持区域生态平衡中扮演什

么角色?

(2)气候变化和人类活动如何影响湿地的分布和功能?

(3)面对湿地退化,可以采取哪些措施来恢复和保护湿地生态系统?

6.3.2 湿地水文条件调查

湿地水文条件调查是指对湿地生态系统中水文特征的系统观测和分析,包括水位、流速、流量、水质、水深等参数。这些水文特征直接影响湿地的形态、功能和生物多样性。湿地水文条件的调查对于理解湿地生态系统的动态变化、评估水资源状况和制订湿地保护措施至关重要。乌蒙山片区的湿地类型多样,包括高山草甸、山地草地等,这些湿地在维持区域水文循环和生物多样性方面发挥着重要作用。

6.3.2.1 实践目的

掌握湿地水文条件的调查方法和技术。

评估湿地水文特征对生态系统功能的影响。

为湿地保护、管理和水资源的合理利用提供科学依据。

6.3.2.2 实践内容

选择具有代表性的湿地区域进行水文条件调查。

收集湿地的水文参数,如水位、流速、流量和水质。

分析水文条件与湿地生物多样性和生态功能的关系。

6.3.2.3 调查方法与步骤

步骤一:预调查。通过遥感资料和已有的水文数据,初步确定调查区域和样地。

步骤二:野外调查。在选定的湿地区域设置固定监测点。

使用流速仪、水位计等仪器测量水流速度、水位和流向。

使用声学多普勒流速剖面仪(Acoustic Doppler Current Profiler, ADCP)或浮标法测量流量。

记录降水、蒸发和气温等气象数据。

步骤三:数据整理与分析。将野外调查的数据录入数据库。使用统计软件进行数据分析,计算平均流量、最大流量和最小流量等。

6.3.2.4 数据计算与结果分析

计算湿地的平均水位、流量和流速,以及水质参数。

使用相关性分析和回归分析分析水文条件与湿地生物多样性和生态功能的关系。

评估湿地水文条件对生态系统的影响，如洪水对河岸植被的冲刷作用。

如果有多年数据，分析湿地水文特征随时间的变化趋势，评估气候变化和人类活动对其的影响。

思考题

（1）湿地水文条件如何影响湿地生物多样性和生态功能？

（2）气候变化和人类活动如何改变湿地的水文特征？

（3）在乌蒙山片区，湿地水文条件的变化对当地生态系统有何潜在影响？

6.3.3　湿地植被调查

湿地植被调查旨在了解湿地生态系统中植物的种类组成、分布情况、生长状况以及植被覆盖度等。湿地是地球上生物多样性最丰富的生态系统之一，它不仅为许多野生动植物提供栖息地，还具有重要的生态功能，如水文调节、碳储存和净化水质等。乌蒙山片区的湿地类型多样，包括高山草甸、山地草地和河流湿地等，这些湿地在维持区域生态平衡和生物多样性方面发挥着重要作用。

6.3.3.1　实践目的

掌握湿地植被调查的基本方法和技术。

评估湿地植被的生物多样性和生态功能。

为湿地保护、管理和水资源的合理利用提供科学依据。

了解不同湿地类型的植被特征及其对环境变化的响应。

6.3.3.2　实践内容

选择具有代表性的湿地区域进行植被调查。

收集湿地植被的种类组成、数量、覆盖度和生物量等数据。

分析湿地植被与环境因子（如水位、土壤、气候）之间的关系。

评估湿地植被对生态系统服务功能的贡献。

6.3.3.3　调查方法与步骤

步骤一：预调查。通过遥感资料和已有的植被数据，初步确定调查区域和样地。识别湿地的主要类型，如沼泽、湖泊和河流湿地。

步骤二：野外调查。在选定的湿地区域设置固定监测点。使用样方法或线截法记录样方内的植物种类、数量和覆盖度。收集湿地的水文和土壤数据，如水位、流速、水质和土壤 pH 值等。

步骤三：数据整理与分析。将野外调查的数据录入数据库。使用统计软件进行数据分析，计算植被覆盖度、生物量和多样性指数等。

6.3.3.4　数据计算与结果分析

计算湿地的平均植被覆盖度、生物量和多样性指数。

分析湿地植被与环境因子之间的关系，使用相关性分析和回归分析。

评估湿地植被对生态系统服务功能的贡献，如水源涵养、污染净化和生物栖息地提供等。

如果有多年数据，分析湿地植被随时间的变化趋势，评估气候变化和人类活动对其的影响。

利用 GIS 技术和遥感数据来辅助分析湿地植被的空间分布和动态变化，评估植被覆盖度的变化。

思考题

（1）气候变化和人类活动如何改变湿地植被的结构和功能？
（2）湿地植被调查对于湿地生态系统服务功能评估有何重要意义？

6.4　生态系统能量流动调查

生态系统功能是指生态系统为人类提供的各种服务，如水源涵养、水土保持、生物多样性保护、气候调节等。生态过程是指生态系统内部发生的物质循环、能量流动、信息传递等过程。了解生态系统功能与生态过程对于保护和合理利用自然资源具有重要意义。

生态系统能量流动是指生态系统内部能量从一种生物体转移到另一种生物体的过程。可以通过水体和草地初级生产力调查与测定两个实验来了解生态系统的能量输入和生物量生产情况。

6.4.1　初级生产力调查与测定

初级生产力调查与测定是生态学研究中的一个重要组成部分，它涉及对生态系统中能量固定能力的评估。初级生产力是指生态系统中通过光合作用将无机碳转化为有机碳的能力，是生态系统能量流动和物质循环的基础。通过测定初级生产力，可以了解生态系统的能量输入和生物量生产情况，对于生态系统管理和保护具有重要意义。

6.4.1.1 实践目的

掌握初级生产力测定的基本方法和原理。

学习如何使用黑白瓶法和氧气电极法进行水生生态系统初级生产力的测定。

通过实际操作，加深对生态系统能量流动和物质循环理论的理解。

培养科学实验设计和数据分析的能力。

6.4.1.2 实践内容

了解初级生产力的概念及其在生态系统中的作用。

学习黑白瓶法和氧气电极法测定水生生态系统初级生产力的原理和操作步骤。

实地采集水样，并进行初级生产力的测定实验。

数据收集和处理，分析初级生产力的测定结果。

6.4.1.3 调查方法与步骤

（1）黑白瓶法

步骤一：准备阶段。准备黑白两种颜色的瓶子，黑色瓶子用于遮光，白色瓶子用于光照。

步骤二：水样采集。在测定地点采集一定量的水样，确保水样的代表性和随机性。

步骤三：设置对照组。将水样等量分配到黑白瓶中，黑色瓶子作为对照组，白色瓶子作为实验组。

步骤四：光照处理。将白色瓶子置于光照条件下，黑色瓶子置于黑暗条件下，以模拟自然光照和无光照环境。

步骤五：时间控制。设定一定时间（如 24 h），让水样在各自条件下进行光合作用。

步骤六：测定。使用适当的化学方法测定水样中的叶绿素含量或溶解氧含量，以评估水样的光合作用速率。通常，初级生产力的计算公式为：

$$P = (D_{light} - D_{dark}) \times V / (A \times t)$$

其中，P 代表初级生产力，D_{light} 和 D_{dark} 分别代表光照和黑暗条件下的溶解氧变化，V 代表水样体积，A 代表水样表面积，t 代表时间。

（2）氧气电极法

步骤一：准备阶段。准备氧气电极和恒温水浴，确保设备的准确性和稳定性。

步骤二： 水样采集。在测定地点采集一定量的水样，注意避免污染和扰动。

步骤三： 设置实验组。将水样置于氧气电极的测量容器中，确保水样与电极充分接触。

步骤四： 光照处理。将测量容器置于光照条件下，模拟自然光照环境。

步骤五： 时间控制。设定一定时间（如 24 h），记录氧气电极的读数，以监测氧气的产生。

步骤六： 测定。通过氧气电极的读数变化，计算光合作用速率。初级生产力的计算公式为：

$$P = (O_{final} - O_{initial})/(A \times t)$$

其中，O_{final} 和 $O_{initial}$ 分别代表实验结束和开始时的氧气浓度，A 代表水样表面积，t 代表时间。

6.4.1.4 数据计算与结果分析

数据收集。记录黑白瓶法中的叶绿素含量或溶解氧含量的变化，记录氧气电极法中的氧气浓度变化。

数据处理。计算初级生产力，即光合作用速率，通常以单位面积或单位体积的氧气产生量或有机物生成量来表示。

结果分析。比较不同条件下的初级生产力，分析光照对初级生产力的影响，评估生态系统的能量固定能力。通过统计分析方法，如方差分析（ANOVA），确定不同处理之间的差异是否显著。

思考题

（1）黑白瓶法和氧气电极法在测定初级生产力时各有什么优缺点？在实际应用中应如何选择？

（2）初级生产力的测定结果如何帮助我们理解生态系统的健康状况和生物多样性？

（3）在不同环境条件下（如季节变化、水质变化等），初级生产力的测定结果会有哪些变化？这些变化对生态系统管理有何启示？

6.4.2 不同草本植物地上部分干重比较

不同草本植物地上部分干重比较是一种评估植物生物量和生产力的方法。通过比较不同草本植物地上部分的干重，可以了解植物的生长状况、生物量分配以及对环境变化的适应能力。这对于生态学研究、农业生产和草地管理等领域都具有重要意义。干重是指去除植物体内水分后的重量，能更准确地反映植物的生物量和生长状况。

6.4.2.1 实践目的

学习并掌握草本植物地上部分干重的测定方法。

比较不同草本植物的生物量，评估其生长状况和生产力。

分析不同环境条件下草本植物的生长差异。

培养科学实验设计、数据收集和分析的能力。

6.4.2.2 实践内容

了解草本植物生物量的概念及其生态学意义。

学习草本植物地上部分干重的测定方法。

实地采集不同草本植物的地上部分样本。

进行样本的干燥、称重和数据处理。

6.4.2.3 调查方法与步骤

步骤一：样本采集。选择代表性的草本植物，剪取其地上部分，确保样本的新鲜和完整。

步骤二：初步处理。去除样本中的杂质，如泥土、枯叶等。

步骤三：干燥处理。将样本放入烘箱中，在 60~70℃下烘干至恒重，通常需要 24~48 h。

步骤四：称重记录。使用精确的天平测量干燥后的样本重量，并记录数据。

步骤五：数据计算。计算每个样本的干重，并进行比较分析。

6.4.2.4 数据计算与结果分析

数据收集。记录每个样本的干重数据。

数据处理。计算不同草本植物的平均干重，并进行统计分析，如方差分析（ANOVA）等，以确定不同草本植物间的差异是否显著。

结果分析。比较不同草本植物的干重，分析其生长状况和生产力，以及其可能的环境影响因素。通过比较，可以识别出在特定环境条件下生长表现较好的草本植物种类。

思考题

（1）草本植物地上部分干重的测定对于理解植物生长状况有何意义？

（2）在不同环境条件下，草本植物的干重可能会受到哪些因素的影响？

（3）如何利用草本植物干重比较的结果来指导草地管理和农业生产？

6.5 生态系统物质循环调查

生态系统物质循环是指生态系统内部物质从一种形态转移到另一种形态的过程。生态系统物质循环调查可以采用生物地球化学循环分析、物质流分析等方法。

6.5.1 水域生态系统营养结构调查

水域生态系统营养结构调查关注水生生物间的食物网关系和能量流动，揭示生物间的营养相互作用。这一结构涵盖了从生产者（如水生植物和浮游植物）到初级消费者（如浮游动物和小型鱼类）、次级消费者（如大型鱼类和鸟类），以及分解者（如微生物）的多个营养层次。了解水域生态系统的营养结构对于评估水域生态系统的健康、维护生物多样性、保护水质和合理开发渔业资源至关重要。

6.5.1.1 实践目的

了解水域生态系统中不同生物的营养角色和相互关系。
评估水域生态系统的营养结构和能量流动。
为水域生态系统管理和生物多样性保护提供科学依据。
分析人类活动和环境变化对水域生态系统营养结构的影响。

6.5.1.2 实践内容

选择具有代表性的水域区域进行营养结构调查。
收集不同营养层次生物的种类、数量和生物量等数据。
分析食物网和营养路径。
评估营养结构的复杂性和稳定性。

6.5.1.3 调查方法与步骤

步骤一：样地设置。在水域生态系统中设置调查样地，可以是固定的监测站点或随机抽样的区域。

步骤二：数据收集。使用网具、陷阱或其他采样工具收集不同营养层次的生物样本。记录生物的种类、数量、大小和生物量。

收集环境数据，如水温、溶解氧、pH 值、营养物质浓度等。

步骤三：营养结构分析。根据收集的生物样本，构建食物网，识别不同生物的营养层次。分析生物之间的捕食关系和能量流动路径。

6.5.1.4　数据计算与结果分析

计算生物多样性指数，如 Shannon-Wiener 多样性指数，评估生物多样性。

分析食物网的复杂性，评估生态系统的稳定性和抵抗力。

评估人类活动和环境变化对营养结构的影响，如污染、过度捕捞等。

如果有多年数据，分析水域生态系统的营养结构随时间的变化趋势，评估水域生态系统的动态变化。

利用稳定性同位素示踪技术来追踪食物网中的能量流动和物质循环。

思考题

（1）人类活动，如过度捕捞和污染，如何改变水域生态系统的营养结构？

（2）水域生态系统的营养结构调查对于评估渔业资源的可持续性有何重要意义？

（3）在气候变化背景下，水域生态系统的营养结构可能会发生哪些变化？

6.5.2　能量传递效率简单测量

能量传递效率是指在生态系统中，能量从一个营养级传递到下一个营养级的效率。能量流经生态系统时，通常只有 10% 的能量能从一个营养级传递到下一个营养级，这一现象被称为"十分之一法则"。能量传递效率的测量有助于我们了解生态系统的能量流动，评估生态系统的健康程度，以及预测生态系统对环境变化的响应。例如，通过测量初级生产者（如植物）固定的能量与被初级消费者（如草食动物）利用的能量之间的比例，可以了解能量在生态系统中的流动效率。

6.5.2.1　实践目的

了解生态系统中能量传递的基本原理。

掌握测量能量传递效率的基本方法。

分析不同营养级间能量传递的效率。

评估生态系统的能量利用效率和稳定性。

6.5.2.2　实践内容

选择具有代表性的生态系统进行能量传递效率的测量。

确定研究的营养级，如从生产者到初级消费者，或从初级消费者到次级消费者。

收集各营养级生物的生物量和能量含量数据。

计算能量传递效率。

6.5.2.3 调查方法与步骤

步骤一：样品收集。

选择典型的生态系统，如湖泊、森林或草地，确定样地。

收集不同营养级的生物样本，包括生产者（植物）、初级消费者（如草食动物）和次级消费者（如捕食者）。

步骤二：数据记录。

测量并记录样本的生物量，可以使用干重或湿重。

测定样本中的能量含量，通常以焦耳（J）表示。

步骤三：能量传递效率计算。

使用以下公式计算能量传递效率：

能量传递效率 = 下一个营养级的能量摄入 / 当前营养级的能量产出 × 100%

6.5.2.4 数据计算与结果分析

计算每个营养级的能量含量，并确定能量在不同营养级之间的传递量。

分析能量传递效率，评估生态系统的能量利用情况。

讨论影响能量传递效率的环境因素，如温度、湿度、光照和营养盐的可用性。

如果有多年数据，分析能量传递效率随时间的变化趋势，评估生态系统的动态变化。

利用统计分析方法，如回归分析，探讨环境因子与能量传递效率之间的关系。

思考题

（1）能量传递效率在不同生态系统中是否存在显著差异？

（2）哪些环境因素可能影响能量传递效率？

（3）如何通过管理措施提高生态系统的能量传递效率？

6.5.3 水域生态系统中氮、磷对藻类生长的影响测定

水域生态系统中氮和磷是藻类生长的关键营养元素。它们对藻类的生长、繁殖和代谢活动有显著影响。不同浓度和形态的氮和磷可以促进或抑制藻类的生长，进而影响水体的富营养化程度。氮、磷比例也是影响浮游植物生物量和藻类群落结构的重要因素。了解氮、磷对藻类生长的影响有助于制订有效的水体管理和保护措施。

6.5.3.1 实践目的

测定氮磷对藻类生长的影响,了解不同营养水平下藻类的生长特性。

分析氮、磷浓度对藻类生长的具体作用机制。

评估氮、磷负荷对水体富营养化和蓝藻水华发生的影响。

6.5.3.2 实践内容

选择具有代表性的水体进行氮、磷添加实验。

测定不同氮、磷浓度下藻类的生物量、生长速率和叶绿素含量。

分析氮、磷浓度与藻类生长指标之间的关系。

6.5.3.3 调查方法与步骤

步骤一:实验设计。设计不同氮、磷浓度的处理组,包括氮、磷的单一添加和联合添加。设置对照组,不添加氮、磷。

步骤二:样品收集与处理。

采集水样,并在实验室条件下进行培养。

在培养过程中定期测量藻类生物量(如叶绿素 a 含量)和生长速率。

步骤三:数据分析。

使用统计方法分析氮、磷浓度与藻类生长指标之间的关系。

评估氮、磷添加对藻类生长的影响。

6.5.3.4 数据计算与结果分析

计算不同处理组的藻类生物量和生长速率,并与对照组进行比较。

分析氮、磷浓度对藻类生长的具体影响,确定限制性营养元素。

评估氮、磷负荷对水体富营养化的贡献,如蓝藻水华的发生。

利用质量平衡模型估算水体中营养盐的收支,并定量估算内源营养盐循环对蓝藻水华发生的贡献。

如果有多年数据,分析氮、磷负荷随时间的变化趋势,评估长期环境变化对其的影响。

思考题

(1)氮、磷浓度对藻类生长的影响机制是什么?

(2)如何通过调整氮、磷负荷来控制水体富营养化和蓝藻水华的发生?

(3)在气候变化和人类活动影响下,氮、磷负荷对水体生态系统的长期影响如何?

第七章

生态学野外实践案例分析

7.1 乌蒙山片区常见植物类别调查

乌蒙山片区位于云南省东北部的昭通市，是一个生物多样性极为丰富的区域。该区域的地形复杂，气候多样，从亚热带到寒带的气候类型都有出现，因此孕育了丰富的植物种类。乌蒙山国家级自然保护区内记录有野生种子植物1 864种、蕨类植物230种，其中包括国家Ⅰ级保护植物如珙桐、南方红豆杉，以及国家Ⅱ级保护植物如连香树、福建柏等。这些植物构成了乌蒙山片区独特的生态系统，对于维持生态平衡和提供生态服务具有重要作用。此外，乌蒙山片区还记录有丰富的藻类植物资源，如罗汉坝水库中分布的6门26科62属204种（含变种）的藻类植物，这些藻类植物对水生态环境的保护及水质监测提供了重要数据。

7.1.1 实践目的

识别和记录乌蒙山片区的常见植物类别。
了解不同植物类别的分布情况和生态特征。
评估植物多样性及潜在的保护价值。
为制订保护措施和可持续利用策略提供科学依据。

7.1.2 实践内容

进行野外调查，记录乌蒙山片区内的植物种类、数量和分布。
收集植物生长环境、生长状况和生态习性等数据。
分析植物类别与环境因子之间的关系。

7.1.3 调查方法与步骤

步骤一：野外调查。选择具有代表性的调查区域，设置样方法或采用样线法。
记录样方内所有植物的种类、数量、生长状况和覆盖度。
步骤二：植物标本采集。采集植物标本，记录采集地点、时间、环境条件等信息。
对采集的标本进行分类鉴定。

步骤三：数据分析。根据采集数据，分析植物多样性指数、物种丰富度和物种均匀度。

利用 GIS 技术绘制植物分布图。

7.1.4 数据计算与结果分析

计算每个样方的物种丰富度、Shannon-Wiener 多样性指数和 Pielou 均匀度指数。

分析植物分布与环境因子（如海拔、坡度、土壤湿度）之间的关系。

评估保护区内植物多样性的保护状况和潜在威胁。

如果有多年数据，分析植物多样性随时间的变化趋势。

利用统计分析方法，如相关性分析和回归分析，探讨环境因子对植物多样性的影响。

思考题

（1）人类活动如何影响乌蒙山片区的植物多样性？

（2）在乌蒙山片区，哪些因素可能是影响植物分布的主要驱动力？

7.2　乌蒙山片区生态入侵物种调查

生态入侵物种调查是一项关键的生态保护活动，它涉及对入侵物种的种类、分布、数量及其对生态系统影响的评估。乌蒙山片区因其独特的地理位置和复杂的地形地貌，成为多种生态入侵物种的潜在入侵地。这些入侵物种可能通过竞争、捕食或改变生境等方式影响本地物种的生存，导致生物多样性下降和生态系统功能的退化。因此，对乌蒙山片区的生态入侵物种进行系统的调查，对于制订有效的管理和防控措施至关重要。根据《全国森林、草原、湿地生态系统外来入侵物种普查技术规程》，调查工作应遵循一套标准化的方法，以确保数据的准确性和可比性。

云南入侵动植物名录见右侧二维码。

云南入侵动植物名录

7.2.1　实践目的

识别乌蒙山片区内的生态入侵物种及其分布。

评估入侵物种对当地生态系统的影响。

提供科学数据支持，为制订入侵物种管理和防控策略提供依据。

提高公众对生态入侵物种问题的认识和参与度。

7.2.2 实践内容

收集乌蒙山片区的历史和现有的生态入侵物种数据。

在野外进行样地调查，记录入侵物种的种类、数量和分布情况。

分析入侵物种对当地生态系统的影响，包括对生物多样性、土壤、水体等的影响。

7.2.3 调查方法与步骤

步骤一：样地调查。

根据《全国森林、草原、湿地生态系统外来入侵物种普查技术规程》，选择具有代表性的样地进行调查。

记录样地内的入侵物种种类、种群密度（盖度）、草地类型，采集影像照片，计算并统计每块样地内同一种类平均种群密度（盖度）和发生面积，利用数据采集 App 填报调查信息。

步骤二：标本采集。采集入侵物种的标本，包括植物、昆虫、动物等，并进行分类鉴定。记录标本的采集地点、时间、环境条件等信息。

步骤三：数据分析。使用统计软件分析入侵物种的分布模式和影响因素。评估入侵物种对当地生态系统的潜在影响。

7.2.4 数据计算与结果分析

计算入侵物种的相对丰度、入侵强度指数、竞争优势度指数等指标。

分析入侵物种对当地生态系统功能的影响，如土壤养分循环、水文调节等。

评估入侵物种对当地物种多样性的影响，包括竞争排斥、捕食等。

如果有多年数据，分析入侵物种的扩散趋势和生态系统对其的响应。

利用 GIS 技术和遥感数据来辅助分析入侵物种的空间分布和动态变化。

思考题

（1）乌蒙山片区的生态入侵物种对当地生态系统有哪些潜在影响？

（2）面对气候变化和人类活动的影响，乌蒙山片区的生态入侵物种问题可能会如何变化？

7.3 乌蒙山片区贵州草海国家级自然保护区鸟类的迁徙行为观测

草海保护区是一处具有国际意义的湿地。

草海国家级自然保护区位于云贵高原中部顶端的乌蒙山麓腹地，地处贵州省西北边缘的威宁彝族回族苗族自治县县城西南隅。总面积约为 9 600 hm^2，地理坐标为北纬 26°47′32″ ~ 26°52′52″，东经 104°10′16″ ~ 104°20′40″。以保护完整的、典型的高原湿地生态系统及以黑颈鹤为代表的珍稀鸟类为主要保护对象。草海属于内陆湿地类型，是贵州高原上最大的天然淡水湖泊，于1992年被国务院批准为国家级自然保护区。

草海因其独特的地理位置和丰富的生物多样性，成为候鸟迁徙途中的重要终宿站和中间停歇地。每年有大量的候鸟在此停留和觅食，其中不乏黑颈鹤、白肩雕等国家一级保护动物。观测这些鸟类的迁徙行为，对于理解鸟类的生态习性、保护生物多样性以及维护生态平衡具有重要意义。草海的鸟类多样性和生态分布已经得到了广泛的关注和研究，显示出该区域在鸟类研究上的重要价值。

7.3.1 实践目的

了解乌蒙山片区草海鸟类的迁徙模式和行为习性。
监测和记录草海鸟类的迁徙时间、路线和停留习性。
评估人类活动和环境变化对草海鸟类迁徙的影响。
为鸟类保护和自然保护区管理提供科学依据。

7.3.2 实践内容

对草海及周边区域的鸟类种类、数量和迁徙行为进行系统观测。
收集鸟类迁徙相关的环境数据，如气候、食物资源和栖息地变化。
分析鸟类迁徙行为与环境因子之间的关系。

7.3.3 调查方法与步骤

步骤一：预调查。通过历史数据和文献回顾，了解草海区域鸟类的种类和迁徙习性。

步骤二：野外观测。在鸟类迁徙季节，定期在草海及周边区域进行野外观测，记录鸟类的种类、数量和行为。

使用望远镜、相机和录音设备记录草海鸟类的迁徙行为。

步骤三：数据记录。记录观测到的鸟类种类、数量、迁徙时间和停留时长。

收集相关的环境数据，如气温、降水、食物资源等。

步骤四：数据分析。使用统计软件分析草海鸟类迁徙行为与环境因子之间的关系。

7.3.4 数据计算与结果分析

计算草海不同种类鸟类的迁徙频率和停留时间。

分析草海鸟类迁徙行为与环境变化的关系，如气候变化对迁徙时间的影响。

评估人类活动对草海鸟类迁徙路线和行为的影响。

如果有多年数据，分析草海鸟类迁徙行为随时间的变化趋势。

利用GIS技术和遥感数据来辅助分析草海鸟类迁徙路径和栖息地变化。

思考题

（1）乌蒙山片区草海的鸟类迁徙行为对当地生态系统有何影响？

（2）如何通过科学观测和管理，减少人类活动对草海鸟类迁徙的负面影响？

（3）气候变化对乌蒙山片区草海鸟类迁徙行为有何潜在影响？

7.4 乌蒙山片区赤水河鱼洞河至白车村段鱼类种群调查

赤水河鱼洞河至白车村段位于赤水河的上游，流经云南省昭通市境内镇雄县，流经云贵川三省交界处，最终在四川省合江县注入长江。属长江上游珍稀特有鱼类国家级自然保护区核心区之一，是该保护区云南段的主体部分，该保护区的总面积覆盖了赤水河的多个河段。该河段主要保护对象是长江上游珍稀特有鱼类、大鲵及其栖息地环境。其中，包括国家一级保护水生野生动物2种：白鲟、长江鲟（达氏鲟），国家二级保护水生野生动物11种，如青石爬鳅、圆口铜鱼等。赤水河鱼洞河至白车村段流域（含一级、二级支流）物种资源丰富，分布有鱼类59种，分属5目12科，其中以鲤科鱼类种类最多（30 种），占本段鱼类种类组成的 53.7%。占赤水河全境鱼类种类总数的 50.9%，占保护区全境鱼类种类总数的 29.9%。

随着长江十年禁渔政策的实施，赤水河鱼洞河至白车村段的鱼类种群得到了有效的保护和恢复，该区域的水生生物多样性呈现整体向好的趋势，珍稀特有鱼类出现频次有所增加，种群规模也呈增大趋势。

7.4.1 实践目的

了解赤水河鱼洞河至白车村段鱼类种群的种类组成、数量和分布情况。
评估禁渔政策对鱼类种群恢复的效果。
为制订鱼类保护和管理措施提供科学依据。

7.4.2 实践内容

收集赤水河鱼洞河至白车村段鱼类种群的历史和现状数据。
在野外进行样地调查，记录鱼类的种类、数量和分布情况。
分析鱼类种群的生态特征和环境适应性。

7.4.3 调查方法与步骤

步骤一：样地调查。选择具有代表性的样地，如赤水河的不同河段和水文条件区域。记录样地内的鱼类种类、数量、大小和分布范围。

步骤二：标本采集。
采集鱼类标本，包括不同种类、不同大小和不同性别的个体。
记录标本的采集地点、时间、环境条件等信息。

步骤三：数据分析。
使用统计软件分析鱼类种群的分布模式和多样性指数。
评估禁渔政策对鱼类种群的影响。

7.4.4 数据计算与结果分析

计算每个样地的鱼类物种丰富度、Shannon-Wiener 多样性指数和 Pielou 均匀度指数。
分析鱼类种群的分布与环境因子（如水温、溶解氧、pH 值、营养物质浓度）之间的关系。

评估禁渔政策对鱼类种群多样性和生物量的影响。

如果有多年数据，分析鱼类种群随时间变化的趋势，评估生态系统的动态变化。

思考题

（1）禁渔政策如何影响赤水河鱼类种群结构和数量？

（2）如何通过科学观测和管理，进一步促进赤水河鱼类种群的恢复和保护？

7.5 乌蒙山片区三江口自然保护区珙桐种群调查

三江口自然保护区属云南乌蒙山国家级自然保护区，云南乌蒙山国家级自然保护区位于云南省东北部的昭通市境内，由三江口片区、朝天马片区和海子坪片区3个片区组成，总面积26 186.65 hm²。

云南省三江口自然保护区位于云南省昭通市北部，地处大关、盐津、永善三县交界处，总面积为62 970亩（1亩=1/15 hm²），约合4 198 hm²。主要保护对象为原始阔叶混交林和原始植物峨嵋栲，是滇东北唯一的原生植物类型。保护区内有云豹、红胸角雉、灰胸角雉、野牛等国家一级保护动物，以及黑熊、小熊猫、岩羊、红腹角雉、锦鸡、毛冠驴、白腹锦鸡等国家二级保护动物。保护区内有国家一级保护植物珙桐、红豆杉，国家二级保护植物滇楠、鹅掌楸、呆白菜、榉木、水青树等。生态系统以亚热带山地湿性常绿阔叶林为主，林冠浓密，林相整齐，林木高大，树干挺直，具有很高的观赏和使用价值。

珙桐（*Davidia involucrata* Baill.），作为国家一级保护植物，是第三纪古热带植物区系的孑遗树种，以其独特的"鸽子花"形态而闻名。珙桐不仅是重要的观赏树种，也是研究古植物区系和古气候的重要材料。在乌蒙山片区的三江口自然保护区内，珙桐的分布对于生物多样性保护和生态恢复具有重要意义。研究表明，珙桐叶片功能性状在物种分布区尺度上呈现出明显的地理格局，其中降水、土壤氮元素含量在地理格局的形成中发挥了重要作用。因此，对珙桐种群的调查有助于了解其生态需求和适应性，为制订保护措施提供科学依据。

7.5.1 实践目的

了解乌蒙山片区三江口自然保护区内珙桐种群的种类组成、数量和分布情况。

评估珙桐种群的生态特征和生存威胁。

为制订珙桐保护和管理措施提供科学依据。

7.5.2 实践内容

收集三江口自然保护区内珙桐种群的历史和现状数据。

在野外进行样地调查，记录珙桐的种类、数量、分布情况和生长环境。

分析珙桐种群的生态特征和环境适应性。

7.5.3 调查方法与步骤

步骤一：样地调查。

选择具有代表性的样地，如沟谷两侧的典型生境。

记录样地内的珙桐个体数、胸径、树高、冠幅等信息。

步骤二：标本采集。采集珙桐的叶片和其他植物器官的标本，进行分类鉴定。记录标本的采集地点、时间、环境条件等信息。

步骤三：数据分析。

使用统计软件分析珙桐种群的分布模式和多样性指数。

评估珙桐种群的生态位宽度、生态位重叠及群落更新状况。

7.5.4 数据计算与结果分析

计算每个样地的珙桐种群密度、生物量和多样性指数。

分析珙桐种群的分布与环境因子（如海拔、坡度、土壤湿度）之间的关系。

评估珙桐种群的生存威胁，如生境破坏、人类活动干扰等。

如果有多年数据，分析珙桐种群随时间的变化趋势，评估生态系统的动态变化。

利用地理信息系统（GIS）和遥感技术，结合地面调查数据，评估珙桐种群的空间分布和生境状况。

思考题

（1）珙桐种群在三江口自然保护区的分布和生长状况如何，面临哪些主要威胁？

（2）如何通过科学观测和管理，提高珙桐种群的自然更新能力和生存概率？

7.6 乌蒙山片区朝天马自然保护区生物多样性调查

朝天马自然保护区是云南乌蒙山国家级自然保护区的重要组成部分,地跨彝良、大关、盐津3个县,是云南乌蒙山国家级自然保护区的3个主要片区之一。总面积为15 004.06 hm^2,占整个云南乌蒙山国家级自然保护区总面积的57.30%。地理坐标介于北纬27°47′35″～28°17′42″,东经103°51′47″～104°45′04″。生态系统以落叶阔叶林、混生常绿落叶阔叶混交林、典型常绿阔叶林、暖温性稀树灌木草丛和暖温性竹林为主。朝天马片区保存了黄天麻、绿天麻、乌天麻、红天麻4个天麻品种,区域内的小草坝天麻药用价值为世界一流,素有"云天麻"之称,是我国优质天麻的原产地和天麻模式标本产地。

朝天马片区内分布着丰富的野生动植物种质资源,国家重点保护野生动物种类较多,有云豹、林麝、黑鹳、黑颈鹤等国家一级保护动物,以及黑熊、小熊猫、猕猴、青鼬、小灵猫等国家二级保护动物。此外,还有国家重点保护野生植物珙桐、南方红豆杉、福建柏、连香树、香果树、水青树、中华桫椤等15种。

朝天马片区内的植被以落叶阔叶林为主,混生常绿落叶阔叶混交林、典型常绿阔叶林、暖温性稀树灌木草丛和暖温性竹林,保存了完整的森林生态系统。

这些珍稀物种的存在,不仅丰富了生物多样性,也提升了该区域的生态价值。

7.6.1 实践目的

揭示生物多样性现状。通过实地调查,掌握朝天马自然保护区内生物种类的数量、分布及生态特征,为生态保护提供翔实的基础数据。

评估生态价值。基于调查结果,科学评估保护区的生态价值,为制订生态保护政策和规划提供科学依据,推动生态补偿机制的建立。

制订保护措施。根据调查结果,提出针对性的保护措施,改善生态环境,保护生物多样性,确保珍稀濒危物种得到有效保护。

7.6.2 实践内容

植物多样性调查。对保护区内的植物种类进行全面调查,记录其名称、数量、分布及生态环境。

动物多样性调查。采用样线法、陷阱法、红外相机监测等方法,对保护区内的动物种类进行调查。

微生物多样性调查。采集保护区内的土壤、水样等样本，进行微生物多样性分析。

7.6.3 调查方法与步骤

步骤一：制订调查计划。根据保护区的实际情况和调查目的，制订详细的调查计划。

步骤二：设立样线和样方。在保护区内科学合理地设置多条样线和多个样方。

步骤三：实地调查与记录。按照调查计划，组织调查队伍对样线和样方内的生物进行逐一调查与记录。

步骤四：数据分析与整理。将收集到的数据进行整理和分析，采用统计方法评估生物多样性的水平。

7.6.4 数据计算与结果分析

数据整理。将收集到的调查数据进行整理，包括生物种类、数量、分布区域等信息。

统计分析。采用统计方法对数据进行分析，计算生物多样性的指数和多样性水平。

结果可视化。将分析结果进行可视化处理，绘制生物分布图、生物多样性指数图等。

结果分析。通过数据分析，比较不同生态系统和区域之间生物多样性差异，并提出保护措施。

思考题

（1）针对朝天马自然保护区的生物多样性现状，应采取哪些具体的保护措施？

（2）如何建立科学的监测和评估体系，及时发现和解决生态保护中的问题？

7.7 乌蒙山片区海子坪自然保护区毛竹林群落基本调查

海子坪自然保护区已升级为国家级自然保护区，属云南乌蒙山国家级自然保护区的一个独立分区。位于云南省昭通市彝良县东北部洛旺乡中厂村,地处滇、川边界,与四川省筠连县,昭通市镇雄县、威信县接壤,距彝良县城约 160 km。总面积为 41 730 亩,其中核心区 11 730 亩,实验区 30 000 亩,没有设置缓冲区。地理坐标介于北纬 27°51′04″ ~ 27°54′40″、东经 104°39′47″ ~ 104°45′05″。

保护区由云南省人民政府批准成立于 1984 年 4 月。保护区主要保护亚热带山地常绿阔叶林和珍稀濒危特有动植物种及其栖息地。主要保护对象以保护天然毛竹林、水竹林、罗汉竹林、小熊猫等野生动植物、天麻生境等为主。保护区内有国家一级保护树珙桐。保护区内有国家一级保护动物如白鹇锦鸡、红腹锦鸡、白腹锦鸡、大鲵鱼(娃娃鱼);国家二级保护动物小熊猫;国家三级保护动物黑熊、野牛等。

毛竹是刚竹属中国特有种,是竹类中秆形最高大的散生竹种,也是中国人工栽培最广的竹种和竹产业最主要的笋材原料。保护区内的毛竹林群落,作为中国特有且野生的毛竹群落,具有极高的科研价值和保护意义。该区域的毛竹林群落结构复杂,物种多样性丰富,伴生多种珍稀植物,如桫椤科、木兰科、樟科等,体现了群落的古老性和原生性。因此,对该群落进行基本调查,了解其结构特征和演变趋势,对于毛竹新品种培育与人工林可持续发展具有重要的理论价值与实践意义。

7.7.1　实践目的

了解乌蒙山片区海子坪自然保护区毛竹林群落的种类组成、结构特征和生物多样性。

分析毛竹林群落的自然更新能力和演替趋势。

探讨影响毛竹林群落结构和多样性的环境因子。

提出保护和复壮野生毛竹林群落的有效对策。

7.7.2　实践内容

在乌蒙山片区海子坪自然保护区内,选择具有代表性的毛竹林群落样地。

采用样方法,设置不同大小的样方,记录样方内的木本植物和草本植物的种类、数量、胸径、树高、冠幅等信息。

利用全球定位系统(GPS)和罗盘仪测量样方的地理位置、海拔、坡度、坡向等环境因子。

对收集到的数据进行整理和分析,计算物种多样性指数,如 Shannon-Wiener 多样性指数、Simpson 多样性指数、Pielou 均匀度指数和 Gleason 丰富度指数。

7.7.3 调查方法与步骤

步骤一：样地设置。在毛竹林群落内设置不同大小的样方，如 20 m × 20 m 的群落样地，并在每个群落样方四角及中间位置分别设置 1 个 5 m × 5 m 的木本层样方及草本层样方。

步骤二：样地调查。对木本层样方内的木本植物进行每木调查，记录物种名、胸径、树高、冠幅等，并挂牌以便长期监测。记录草本样方内草本层植物的物种名、多度、盖度、平均高度、平均基径。

步骤三：环境因子测量。使用 GPS 和罗盘仪测量每个样方的经度、纬度、海拔、坡度、坡向等环境因子。

步骤四：数据处理。计算物种重要值，使用 R 语言 Vegan 包中的 Diversity 函数计算各层次 α 多样性指数。

7.7.4 数据计算与结果分析

通过数据分析，发现毛竹林皆伐后自然更新群落物种和类型多样，可分成不同的群落，不同群落之间 α 多样性存在显著差异。冗余分析发现海拔是决定自然更新群落木本层以及草本层 α 多样性大小的主要因子，且与其呈显著负相关关系（$P < 0.05$）。这一结果揭示了毛竹林皆伐后演替初期群落与环境因子的分布格局，为乌蒙山片区海子坪自然保护区内植被恢复提供理论依据。

思考题

（1）毛竹林群落的生物多样性与哪些环境因子有显著的相关性？
（2）毛竹林的自然更新能力如何？其对周边生态系统的潜在影响是什么？
（3）在自然保护区内，应如何平衡毛竹的经济价值与其对生物多样性保护的影响？

7.8 乌蒙山片区金沙江巧家段干热河谷植物物种多样性调查

金沙江干热河谷蜿蜒于四川、西藏、云南 3 省，从青海省玉树地区的直门至四川省宜宾市，全长 2 300 余千米，总面积达到 4 000 多万亩。

金沙江巧家段位于云南省昭通市巧家县境内，属于典型的干热河谷，该区域的气候既热又干，具有北热带的温度条件和半干旱气候的特点，使这一区域的生态环境与周围地区有巨大差异，形成局部的干旱生境。

该区域地区的植被生态系统经历了漫长的演变过程，由于金沙江干热河谷气候干燥、热量充足，特殊的干、热气候条件，形成一个具有特殊气候和地质特征的干热河谷生态系统区域。

植物物种多样性是衡量生态系统稳定性和健康程度的重要指标，对其进行调查有助于了解干热河谷生态系统的现状及演变趋势，为生态保护和恢复提供科学依据。

7.8.1 实践目的

了解乌蒙山片区金沙江巧家段干热河谷植物物种多样性的现状。

探讨干热河谷植物物种多样性与环境因子的关系。

揭示干热河谷植物物种多样性的形成、维持和演变机制，为我国干热河谷生态保护和恢复提供理论支持。

7.8.2 实践内容

调查金沙江巧家段干热河谷植物种类、群落结构、物种分布、生物量、生态位等情况。

采集植物标本，进行分类鉴定。

分析植物物种多样性与土壤、水分、光照等环境因子的关系。

对比不同干热河谷植物群落物种多样性的差异。

7.8.3 调查方法与步骤

步骤一：现场调查。采用样线法、样方法对植物群落进行调查，记录植物种类、数量、生长状况等。

步骤二：植物标本采集。对未知植物进行采集，制作标本，进行分类鉴定。

步骤三：环境因子测定。测定土壤湿度、pH值、养分含量，以及光照、温度等气候因子。

步骤四：数据处理与分析。运用SPSS、CANOCO等软件进行数据计算和相关性分析。

7.8.4 数据计算与结果分析

植物物种多样性指数计算。采用Shannon-Wiener多样性指数、Simpson多样性指数等计算植物物种多样性。

环境因子与植物物种多样性关系分析。运用冗余分析（RDA）等方法探讨环境因子对植物物种多样性的影响。

结果分析。分析金沙江巧家段干热河谷植物物种多样性高低，人为干扰情况。分析土壤湿度、养分含量等环境因子对植物物种多样性影响。

思考题
（1）干热河谷植物物种多样性调查对生态保护和恢复有何意义？
（2）如何在干热河谷地区实施有效的生态保护措施？
（3）干热河谷植物物种多样性受哪些因素影响？如何降低这些因素的影响？

7.9 乌蒙山片区大山包自然保护区高原沼泽湿地植物群落调查

大山包自然保护区位于云南省东北部，昭通市昭阳区西部的大山包乡，地理坐标为北纬27°18′38″～27°29′15″，东经103°14′55″～103°23′49″。总面积为19 200 hm^2。气候属暖温带高原季风气候，冬寒夏凉，年平均气温为6.2℃，年日照时数2 200～2 300 h，无霜期年平均为134 d。区内主要河流跳墩河向西流入牛栏江；大海子河北流为大关河源流之一。主要保护对象是黑颈鹤越冬栖息地亚高山沼泽化高原草甸湿性生态系统。此外还有国家二级保护动物灰鹤、苍鹰、鸢、雀鹰、普通鵟、白尾鹞、斑头鸺鹠、雕鸮等。

大山包自然保护区内的湿地分布点较多，集中成片且面积较大的湿地主要分布在跳墩河、大海子、勒力寨、秦家海子、燕麦地水库等地。湿地面积与范围随水位季节性变动而变化，冬季水位下降，浅水区面积增加，是黑颈鹤良好的夜宿场所，是中国黑颈鹤单位面积数量分布最多的保护区，拥有亚高山沼泽化草甸湿地，具有典型性和代表性，并已被列入中国国际重要保护湿地名录。湿地土壤类型为泥炭土和沼泽土，有机质含量丰富，平均达20%，全氮含量约2%，土壤pH值为8.2。湿地属泛北极的植物区，中国—喜马拉雅植物亚区云南高原地区滇中高原亚地区，区内有维管束植物56科140属186种，包括蕨类植物9科10属11种和种子植物47科130属175种。较大的植物类群有禾本科19属20种、蔷薇科12属18种、菊科7属10种、莎草科6属10种等。

7.9.1 实践目的

了解高原沼泽湿地植物群落的种类组成、分布特征和生态功能。
掌握高原沼泽湿地植物群落调查的基本方法和技术。
分析高原沼泽湿地植物群落的结构和动态变化。
评估高原沼泽湿地生态系统的健康状况和保护需求。

7.9.2 实践内容

对大山包自然保护区内的高原沼泽湿地进行实地调查。
收集植物群落的种类组成、数量、分布、生长状况等数据。
分析植物群落的结构特征和生态功能。
评估高原沼泽湿地生态系统的保护状况和保护需求。

7.9.3 调查方法与步骤

步骤一：样地调查。在大山包自然保护区内选择具有代表性的高原沼泽湿地区域，设置样地进行调查。
记录样地内的植物种类、数量、覆盖度、生长状况等信息。
步骤二：标本采集。采集植物标本，进行分类鉴定。记录标本的采集地点、时间、环境条件等信息。
步骤三：数据分析。
使用统计软件分析植物群落的多样性指数、均匀度指数和优势度指数。
利用 GIS 技术和遥感数据辅助分析植物群落的空间分布和动态变化。

7.9.4 数据计算与结果分析

计算每个样地的植物物种丰富度、Shannon-Wiener 多样性指数和 Pielou 均匀度指数。
分析植物群落的分布模式和生态位宽度。
评估高原沼泽湿地生态系统的健康状况和保护需求。
如果有多年数据，分析植物群落随时间的变化趋势，评估生态系统的动态变化。

思考题
（1）大山包自然保护区的高原沼泽湿地对维持区域生态平衡有哪些重要作用？

（2）气候变化和人类活动如何影响高原沼泽湿地植物群落的结构和功能？

7.10 乌蒙山片区药山国家级自然保护区森林生态系统类型调查

乌蒙山片区药山国家级自然保护区位于中国西南部，云南省昭通市巧家县境内，由北边的药山片保护区和南边的杨家湾片保护区两片互不相连的保护区组成，总面积20 141 hm²。北边的药山片为保护区主体部分，地处金沙江与其主要支流牛栏江的汇合处，地理坐标位于北纬27°08′54″～27°25′31″，东经102°57′47″～103°10′13″；南边的杨家湾片位于巧家县城中南部，地理坐标位于北纬26°50′38″～26°53′47″，东经102°59′59″～103°01′33″。

该保护区以其复杂多变的地形地貌、独特的气候条件以及多样化的生态系统而著称，随山地海拔的升高发生规律性变化，从而引起山地植被类型沿着海拔高度的条带状更替，形成具有一定垂直厚度的山地植被垂直地带性，由低海拔到高海拔逐渐过渡为常绿阔叶林、次生灌丛与云南松林、落叶阔叶林、硬叶常绿阔叶林、高山栎灌丛、亚高山草甸、巴山竹灌丛、垫伏杜鹃灌丛、高山草甸、高山灌丛为众多珍稀动植物提供了宝贵的栖息地。药山自然保护区属于自然生态系统类别的森林生态系统类型的自然保护区，主要保护对象是具有中国东部与西部植物区系过渡性质的常绿阔叶林，特别是具有重要科研价值的半湿润常绿阔叶林生态系统。保护区内生活着大量珍稀濒危物种，如巧家五针松、攀枝花苏铁、南方红豆杉、珙桐等国家一级保护动植物，它们不仅是生物多样性的重要组成部分，也是我国生物多样性保护的旗舰物种。

7.10.1 实践目的

揭示森林生态系统类型。通过对药山国家级自然保护区的森林生态系统进行分类和调查，全面了解不同类型的森林生态系统及药山植被垂直带分布情况。

评估生态系统服务功能。评估不同森林生态系统对水源涵养、土壤保持、生物多样性保护等生态服务功能的贡献。

制订保护策略。基于调查结果，为不同类型的森林生态系统制订相应的保护和管理策略。

7.10.2 实践内容

森林生态系统类型调查。识别和分类保护区内的森林生态系统类型，包括针叶林、阔叶林、针阔叶混交林和稀疏林等。

生态系统服务功能评估。评估不同森林生态系统在水源涵养、土壤保持、碳储存等方面的功能。

生物多样性监测。监测不同生态系统类型中的生物多样性，包括植物、动物和微生物的种类和数量。

社会经济影响分析。分析森林生态系统对当地社区经济发展的影响，探索生态保护与经济发展的平衡点。

7.10.3 调查方法与步骤

步骤一：制订调查计划。根据保护区的实际情况和调查目的，制订详细的调查计划，明确调查区域、路线、方法和时间。

步骤二：设立样地和样方。在保护区内科学合理地设置样地和样方，确保样地和样方的设置具有代表性和均匀性。

步骤三：实地调查与记录。按照调查计划，组织专业调查队伍对样地和样方内的生物进行逐一调查与记录，包括物种种类、数量、生长状况及生态环境等信息。

步骤四：数据分析与整理。将收集到的数据进行整理和分析，采用统计方法评估生物多样性的水平，绘制生物分布图，揭示生物多样性的空间分布特征。

7.10.4 数据计算与结果分析

数据整理。将收集到的调查数据进行整理，包括生物种类、数量、分布区域等信息。

统计分析。采用统计方法对数据进行分析，计算生物多样性的指数和多样性水平。

结果可视化。将分析结果进行可视化处理，绘制生物分布图、生物多样性指数图等图。通过数据分析，揭示不同生态系统类型的生物多样性现状和分布特征，评估生态系统服务功能，为制订保护措施提供科学依据。

思考题

（1）如何在保护药山国家级自然保护区森林生态系统的同时，促进当地社区的经济发展？

（2）针对药山国家级自然保护区的森林生态系统类型，应采取哪些具体的保护措施？

第八章

综合生态环境调查评价

8.1 乌蒙山片区某地主要生态环境调查

乌蒙山片区，位于中国西南部，横跨贵州、云南、四川3省，是中国14个集中连片特困地区之一。这里生态环境脆弱，经济发展滞后，贫困问题尤为突出。尽管国家对生态保护和脱贫攻坚的重视使得当地的生态环境问题得到一定程度的改善，但受限于自然条件和历史原因，水土流失、石漠化、水资源短缺、生物多样性下降等问题依然严峻。这些生态问题不仅影响了居民的生产生活，也对区域的可持续发展构成了挑战。

具体来说，乌蒙山片区的生态环境问题主要表现在以下几个方面：

地形地貌的特殊性导致雨季时水土流失严重，破坏了土地资源和生态环境；石漠化现象严重，降低了土地生产力，影响了农业生产和居民生活；水资源分布不均，部分地区存在水资源短缺的问题，影响了居民生活和农业灌溉；生物多样性下降，生态环境恶化导致生物栖息地受损，珍稀物种生存受到威胁；自然灾害频发，如滑坡、泥石流、洪涝等，对居民正常生活造成破坏，加剧了贫困问题；植被覆盖率低，生态恢复力下降，生态环境极其脆弱；贫困村多位于海拔较高的山区，地理位置偏远，地形复杂，交通不便，使得这些地区与外界隔绝，贫困状况难以改善，社会基础设施建设滞后，村民无法获得安全饮用水，导致饮水贫困。因此，对乌蒙山片区的生态环境问题进行深入调查和有效治理，对于改善当地居民的生活质量和促进区域经济发展具有重要的意义。

8.1.1 实践目的

本次实践旨在通过对乌蒙山片区某地的生态环境进行调查，了解该区域的生态环境现状，分析存在的问题及其成因，探讨可行的解决方案，以期为当地的生态保护和可持续发展提供科学依据和政策建议。

8.1.2 实践内容

生态环境现状调查。通过遥感监测和实地调查，收集乌蒙山片区的植被覆盖度、土壤侵蚀程度、水资源状况等数据。

社会经济状况调查。调查当地居民的生产生活方式、经济收入来源、贫困程度等，了解生态环境问题对当地社会经济的影响。

生态环境问题成因分析。分析乌蒙山片区生态环境问题的主要成因，包括自然因素和人为因素。

解决方案探讨。基于调查结果，探讨改善乌蒙山片区生态环境问题的可行措施，如生态修复、水资源管理、生物多样性保护等。

8.1.3 调查方法与步骤

步骤一：遥感监测。利用卫星遥感影像，提取乌蒙山片区的生态系统类型、植被覆盖度、土地利用变化等信息。

步骤二：实地调查。通过设立样方、样线，进行植被调查、土壤侵蚀调查、水资源调查等，收集一手数据。

步骤三：数据分析。对收集到的数据进行整理和分析，使用统计学方法分析生态环境问题的空间分布特征和影响因素。

步骤四：模型构建。构建生态环境问题评价模型，评估不同因素对生态环境的影响程度。

8.1.4 数据计算与结果分析

以乌蒙山片区的贫困村空间分布及影响因素分析为例，通过平均最近邻距离法、加权核密度估计法、加权热点分析、标准差椭圆法等空间分析方法，探究贫困村的空间分布格局和聚集特征。结果表明，乌蒙山片区贫困村在空间分布上表现出集聚特征，总体呈现"大分散，小集中"的空间格局，存在一个核心团块和多个次级团块、两个热点区域和两个冷点区域。

思考题

（1）乌蒙山片区的生态环境问题对当地居民的生产生活产生了哪些影响？
（2）针对乌蒙山片区的生态环境问题，你认为应采取哪些措施进行有效治理？
（3）如何平衡乌蒙山片区的生态保护和经济发展，实现可持续发展？

8.2 乌蒙山片区大山包自然保护区脆弱地质环境调查

大山包自然保护区位于云南省昭通市昭阳区，是一个典型的高寒湿地生态系统，以其丰富的生物多样性和独特的地质地貌而闻名。该区域的地质环境脆弱，易受到自然和人为因素的干扰，导致地质灾害和生态退化。因此，对大山包自然保护区进行地质环境调查，旨在了解其地质环境状况，评估其脆弱性，为制订合理的保护和管理措施提供科学依据。通过评价，可以掌握地质环境的时空格局、变化趋势，为开展地质环境防治保护管理工作提供科学依据和决策支持。

8.2.1 实践目的

评估大山包自然保护区地质环境的脆弱性。

识别影响地质环境的主要因素。

提出针对性的保护和修复措施，以增强地质环境的稳定性和可持续性。

为大山包自然保护区的可持续发展提供科学依据和决策支持。

8.2.2 实践内容

地质环境背景调查。收集大山包自然保护区的地质、地貌、气候、水文地质等基础数据。

地质灾害调查。调查崩塌、滑坡、泥石流等地质灾害的类型、分布、规模和危害程度。

生态地质环境评价。评估地质环境对生态系统的影响，包括土地利用变化、植被覆盖率、土壤质量等。

人类活动影响评估。分析矿业活动、旅游开发等人类活动对地质环境的影响。

8.2.3 调查方法与步骤

步骤一： 资料收集。通过文献回顾、卫星遥感、地理信息系统（GIS）等手段收集基础数据。

步骤二： 野外调查。实地考察地质环境现状，记录地质灾害发生点、人类活动影响区域等。

步骤三： 样品采集与测试。对土壤、水体、植被等进行样品采集，并进行实验室分析。

步骤四： 数据处理与分析。利用统计学方法和 GIS 技术，对收集的数据进行处理和分析。

步骤五： 评价模型构建。基于收集的数据和分析结果，构建地质环境评价模型。

评价结果可视化。利用 GIS 技术，将评价结果以地图、图表等形式进行可视化展示。

8.2.4　数据计算与结果分析

数据标准化处理。对收集的数据进行无量纲化处理，以消除不同数据间的量纲影响。

指标权重确定。采用层次分析法（AHP）确定各评价指标的权重。

综合指数计算。根据指标权重和标准化数据，计算地质环境脆弱性综合指数。

结果分析。分析地质环境脆弱性的空间分布特征，识别脆弱性高的区域和主要影响因素。

思考题

（1）大山包自然保护区地质环境脆弱性的主要影响因素有哪些？

（2）如何平衡大山包自然保护区的旅游开发与地质环境保护？

（3）针对大山包自然保护区的地质环境脆弱性，应采取哪些有效的保护和修复措施？

8.3　乌蒙山片区白鹤滩水电站库区消落带生态环境调查

白鹤滩水电站位于金沙江干流上，地处云南省巧家县与四川省凉山彝族自治州宁南县交界处。水电站的开发任务以发电为主，兼顾防洪、航运，是我国仅次于三峡水电站的第二大水电站，是中国实施"西电东送"的重大工程。总装机容量为 1 600 万 kW，水库正常蓄水位 825 m，总库容 206.27 亿 m^3。

然而，水电站的建设也对当地生态环境产生了影响，特别是在水库消落带区域。消落带是指水库、江河、湖泊等水体季节性涨落，使水陆衔接地带的土地被周期性淹没和出露水面而形成的湿地交替地带，是一类特殊的湿地生态系统。水库水位周期性涨落形成的干湿交替区域，生态环境非常脆弱，易受到水文情势变化、土地利用方式改变等因素的影响，导致水体富营养化、近岸污染带形成、水体污染、土壤侵蚀和库岸掏蚀作用加强、生物多样性受损、土壤性质变化、氮素截留转化等问题。

因此，对白鹤滩水电站库区消落带的生态环境进行调查，对于制订有效的生态保护措施具有重要意义。

8.3.1 实践目的

本实践旨在通过对白鹤滩水电站库区消落带的生态环境进行调查，了解该区域的生态环境现状，分析存在的问题及其成因，探讨可行的生态修复措施，以期为当地的生态保护和可持续发展提供科学依据和政策建议。

8.3.2 实践内容

生态环境现状调查。通过遥感监测和实地调查，收集消落带区域的土壤侵蚀程度、植被覆盖度、生物多样性等数据。

社会经济状况调查。调查当地居民的生产生活方式、经济收入来源、对生态环境变化的感知等，了解生态环境问题对当地社会经济的影响。

脆弱性评估。基于收集的数据，评估消落带区域的生态环境脆弱性，分析其对生态系统和人类活动的影响。

解决方案探讨。基于调查结果，探讨改善消落带区域生态环境的可行措施，如生态修复、水资源管理、生物多样性保护等。

8.3.3 调查方法与步骤

步骤一：遥感监测。利用卫星遥感影像，提取消落带区域的植被覆盖度、土地利用变化等信息。

步骤二：实地调查。通过设立样方、样线，进行土壤侵蚀调查、植被调查、生物多样性调查等，收集一手数据。

步骤三：数据分析。对收集到的数据进行整理和分析，使用统计学方法分析消落带区域生态环境问题的空间分布特征和影响因素。

步骤四：模型构建。构建生态环境脆弱性评价模型，评估不同因素对生态环境的影响程度。

8.3.4 数据计算与结果分析

在对白鹤滩水电站库区消落带的生态环境进行评估时，可以使用多层线性回归模型（HLM）来分析影响因素。通过对土壤侵蚀程度、植被覆盖率、生物多样性等变量进行分析，可以识别出影响生态环境脆弱性的主要因素。例如，研究表明，水位变化频率和幅度、土地利用方式的改变与生态环境脆弱性呈正相关，而植被覆盖率则与生态环境脆弱性呈负相关。这些数据的分析结果将为制订有效的生态保护措施提供依据。

思考题

（1）针对白鹤滩水电站库区消落带的生态环境问题，应该采取哪些措施进行有效治理？

（2）如何在保护白鹤滩水电站库区消落带生态环境的同时，实现当地经济的可持续发展？

参考文献

顾延生，葛继稳，程丹丹，等，2016. 三峡秭归地区普通生态学野外实习指导书［M］. 北京：中国地质大学出版社.

国庆喜，孙龙，2010. 生态学野外实习手册［M］. 北京：高等教育出版社.

李振基，陈小麟，郑海雷，2007. 生态学［M］. 3版. 北京：科学出版社.

娄安如，牛翠娟，2013. 基础生态学实验指导［M］. 2版. 北京：高等教育出版社.

牛翠娟，娄安如，孙儒泳，等，2023. 基础生态学［M］. 4版. 北京：高等教育出版社.

孙儒泳，2006. 动物生态学原理［M］. 北京：北京师范大学出版社.

杨持，2008. 生态学实验与实习［M］. 2版. 北京：高等教育出版社.

章家恩，2012. 生态学野外综合实习指导［M］. 北京：中国环境科学出版社.

中国科学院动物研究所，2014. 国家动物标本资源库［DB/OL］.［2024-12-07］. http://museum.ioz.ac.cn.

中国科学院动物研究所，中国科学院昆明动物研究所，中国科学院成都生物研究所，等，2018. 中国动物主题数据库［DB/OL］.［2025-02-08］. http://zoology.especies.cn.

中国科学院植物研究所，上海辰山植物园，2018. 中国自然标本馆（CFH）［DB/OL］.［2025-02-09］. http://www.cfh.ac.cn/.

中国科学院植物研究所，2018. 中国数字植物标本馆［DB/OL］.［2024-10-28］. https://www.cvh.ac.cn/.

中国科学院植物研究所，2018. 中国植物图像库（PPBC）［DB/OL］.［2024-12-19］. http://ppbc.iplant.cn.

中国科学院植物研究所，2019. iPlant.cn植物智——中国植物物种信息系统［DB/OL］.［2025-02-09］. http://www.iplant.cn.

中国科学院植物研究所，2020. 在线中国植物志［DB/OL］.［2024-11-13］. http://www.cn-flora.ac.cn.

中国科学院植物研究所，2020. 植物科学数据中心［DB/OL］.［2025-02-27］. https://www.plantplus.cn.

周长发，李鹏，戴建华，等，2017. 基础生态学野外实习指导图册［M］. 北京：科学出版社.

朱志红，李金刚，2014. 生态学野外实习指导［M］. 北京：科学出版社.